Kerstin John

Untersuchung von Umlenkelementen zur Anwendung in der interferometrischen Längenmesstechnik

Berichte aus dem
INSTITUT FÜR MASCHINEN- UND
GERÄTEKONSTRUKTION (IMGK)

Herausgegeben von
Univ.-Prof. Dr.-Ing. Ulf Kletzin (Maschinenelemente),
Univ.-Prof. Dr.-Ing. René Theska (Feinwerktechnik) und
Univ.-Prof. Dr.-Ing. Christian Weber (Konstruktionstechnik)
aus dem Institut für Maschinen- und Gerätekonstruktion (IMGK) an der TU Ilmenau.

Band 33

Diese Reihe setzt die „Berichte aus dem Institut für Maschinenelemente und Konstruktion" fort.

Untersuchung von Umlenkelementen zur Anwendung in der interferometrischen Längenmesstechnik

Kerstin John

Universitätsverlag Ilmenau

2019

Impressum

Bibliografische Information der Deutschen Nationalbibliothek

Die Deutsche Nationalbibliothek verzeichnet diese Publikation in der Deutschen Nationalbibliografie; detaillierte bibliografische Angaben sind im Internet über http://dnb.d-nb.de abrufbar.

Diese Arbeit hat der Fakultät für Maschinenbau der Technischen Universität Ilmenau als Dissertation vorgelegen.

Tag der Einreichung:	14. Februar 2018
1. Gutachter:	Univ.-Prof. Dr.-Ing. René Theska (Technische Universität Ilmenau)
2. Gutachter:	Univ. -Prof. Dr.-Ing. habil. Eberhard Manske (Technische Universität Ilmenau)
3. Gutachter:	Univ. -Prof. Dr-Ing. habil. Svyatoslav M. Latyev (Staatliche Universität für Informationstechnologien, Mechanik und Optik Sankt Petersburg)
Tag der Verteidigung:	26. September 2018

Technische Universität Ilmenau/Universitätsbibliothek
Universitätsverlag Ilmenau
Postfach 10 05 65
98684 Ilmenau
http://www.tu-ilmenau.de/universitaetsverlag

ISSN 2191-8082
ISBN 978-3-86360-197-3 (Druckausgabe)
URN urn:nbn:de:gbv:ilm1-2018000555

Geleitwort der Herausgeber

Die Konstruktion von Maschinen und Geräten sowie die zugehörigen Methoden und Werkzeuge sind seit den frühen 1950er Jahren ein profilbildender Schwerpunkt an der Technischen Universität Ilmenau und ihren Vorgängerinstitutionen. Es war daher ein nahe liegender Schritt, dass die drei konstruktiv orientierten Fachgebiete der Fakultät für Maschinenbau – Maschinenelemente, Feinwerktechnik/Precision Engineering, Konstruktionstechnik – im Mai 2008 das Institut für Maschinen- und Gerätekonstruktion (IMGK) neu gegründet haben. Das IMGK steht in der Tradition einer Kette ähnlicher Vorgängerinstitute, deren wechselnde Zusammensetzung hauptsächlich durch sich über der Zeit ändernde Universitätsstrukturen bedingt war.

Zweck des Institutes ist es, die Kompetenzen und Ressourcen der beteiligten Fachgebiete zu bündeln, um Forschung und Lehre zu verbessern und erzielte wissenschaftliche Ergebnisse gemeinsam in die Fachöffentlichkeit zu tragen.

Ein wesentliches Instrument hierzu ist die Schriftenreihe des Instituts für Maschinen- und Gerätekonstruktion. Sie führt eine erfolgreiche Schriftenreihe des im Jahr 1991 gegründeten unmittelbaren Vorgängerinstitutes IMK (Institut für Maschinenelemente und Konstruktion) fort.

In der Schriftenreihe erscheinen in erster Linie die am Institut entstandenen Dissertationen, daneben werden aber auch andere Forschungsberichte, die in den thematischen Rahmen passen und von allgemeinem Interesse sind, in die Schriftenreihe aufgenommen.

Der vorliegende Band 33 ist als Dissertation am Fachgebiet Feinwerktechnik/Precision Engineering unter der wissenschaftlichen Betreuung von Professor René Theska entstanden.

Die Herausgeber wünschen sich reges Interesse an der Schriftenreihe und würden sich freuen, wenn sie zum fruchtbaren Dialog in Wissenschaft und Praxis beitragen würde.

Ilmenau, im Februar 2019

Univ.-Prof. Dr.-Ing. Ulf Kletzin (Maschinenelemente)
Univ.-Prof. Dr.-Ing. René Theska (Feinwerktechnik)
Univ.-Prof. Dr.-Ing. Christian Weber (Konstruktionstechnik)

Vorwort

Die vorliegende Dissertation entstand während meiner Tätigkeit als wissenschaftliche Mitarbeiterin am Fachgebiet Feinwerktechnik der Technischen Universität Ilmenau. An dieser Stelle möchte ich die Gelegenheit nutzen, mich bei den Menschen zu bedanken, die zur Entstehung dieser Arbeit maßgeblich beigetragen haben.

Besonderer Dank gilt meinem Doktorvater Prof. Theska. Ich bin dankbar für die Möglichkeit zur Promotion an seinem Fachgebiet, den Freiraum bei der Gestaltung meiner Arbeit und die wertvolle Unterstützung während dieser Zeit.

Meinen Kollegen und den Mitarbeitern des Fachgebietes Feinwerktechnik der TU Ilmenau danke ich für die gute Zusammenarbeit und die produktive Atmosphäre sowie die zahlreichen Gespräche und anregenden Diskussionen.

Mein größter Dank gilt meinem Lebensgefährten Matthias Hillenbrand, der mein stetiger Quell für Motivation und Inspiration ist. Vielen Dank für die endlose Geduld und aufmunternden Worte, das Mut Machen, die fachlichen Hinweise und neuen Sichtweisen, die mir über manches Hindernis hinweggeholfen haben.

Nicht zuletzt möchte ich mich bei meinen Eltern Gisela und Hans John bedanken, die mir stets Rückhalt geboten und mich in meinen Entscheidungen unterstützt und bestärkt haben. Sie gaben mir die Neugier und das Selbstvertrauen mit auf den Weg, die mich bis hierher geleitet haben.

Inhalt

Nomenklatur

Verzeichnis der Formelzeichen

Größe	Einheit	Bedeutung
A	$V \cdot m^{-1}$	Amplitude einer elektromagnetischen (Teil-) Welle
$\hat{A}$	$V \cdot m^{-1}$	Komplexe Amplitude einer elektromagnetischen (Teil-) Welle
a	$V \cdot m^{-1}$	Große Halbachse der Polarisationsellipse
b	$V \cdot m^{-1}$	Kleine Halbachse der Polarisationsellipse
$\boldsymbol{B}$	$V \cdot m^{-1}$	Magnetischer Flussdichtevektor
$\mathfrak{b}$	1	Einheitsvektor zur magnetischen Flussdichte
c_0	$m \cdot s^{-1}$	Lichtgeschwindigkeit im Vakuum
c_M	$m \cdot s^{-1}$	Lichtgeschwindigkeit im Medium M
d	m	Dicke der planparallelen Glasplatte als Ergebnis der Umwertung eines Prismas
$\boldsymbol{D}$	$V \cdot m^{-1}$	Vektor der elektrischen Verschiebung
$\mathfrak{d}$	1	Einheitsvektor zur elektrischen Verschiebung
$\boldsymbol{E}$	$V \cdot m^{-1}$	Elektrischer Feldstärkevektor
$\mathfrak{e}$	1	Einheitsvektor zur elektrischen Feldstärke
f	1	Frei gewählter Faktor zur Lösung eines Extremwertproblems
$\boldsymbol{F}$	1	Fresnel-Matrix zur Bestimmung der Amplituden bei Doppelbrechung
$\boldsymbol{H}$	$A \cdot m^{-1}$	Magnetischer Feldstärkevektor
$\mathfrak{h}$	1	Einheitsvektor zur magnetischen Feldstärke

Größe	Einheit	Bedeutung
I	$W \cdot m^{-2}$	Intensität (Beleuchtungsstärke)
$\boldsymbol{k}$	m^{-1}	Wellenvektor, Richtung der Wellenfrontnormalen
K	1	Michelson-Kontrast eines Intensitätssignals
l	m	Geometrische Weglänge, Länge einer Strecke
L	m	Optische Weglänge, Produkt aus geometrischer Länge und Brechungsindex
$\boldsymbol{m}_p$	1	Richtungsvektor parallel zur Grenzfläche zwischen anisotropen Medien
$\boldsymbol{m}_s$	1	Richtungsvektor senkrecht zur Grenzfläche zwischen anisotropen Medien
M	m	Messwert eines Interferometers
N	1	Anzahl der Spiegelflächen eines Systems
N_M	1	Komplexer Brechungsindex des Mediums M, relative Lichtgeschwindigkeit entlang der Wellenfrontnormalen
N_I	1	Quadrat des Kehrwertes des Brechungsindex ($1/N_M^2$)
$\boldsymbol{n}$	1	Flächenlot einer Grenzfläche, zeigt in den Halbraum des einfallenden Lichtes
$\boldsymbol{p}$	m	Parallelversatz, laterale Verlagerung eines Lichtstrahls
$\boldsymbol{P}$	m	Koordinaten eines Schnittpunktes einer Lichtrichtung mit der Indexfläche
$\boldsymbol{Q}$	1	Quaternion
r	1	Amplitudenreflexionsverhältnis an Grenzflächen zwischen zwei Medien für senkrechte (Index s) oder parallele (Index p) Komponente zur Einfallsebene
$\boldsymbol{r}$	m	Ortsvektor zu einem beliebigen Punkt im Raum
$\boldsymbol{R}$	1	Rotationsmatrix, 3x3 Matrix zur Koordinatentransformation

Größe	Einheit	Bedeutung
S_t	$W \cdot m^{-2}$	Stokes-Vektor
S	$W \cdot m^{-2}$	Poynting-Vektor, Richtung des Energieflusses einer elektromagnetischen Welle
$\mathfrak{s}$	1	Einheitsvektor der Energieflussrichtung
s	1	Einheitsvektor der Wellenfrontennormalen
s_M	1	Strahlenindex des Mediums M, relative Lichtgeschwindigkeit entlang der Ausbreitungsrichtung
t	1	Amplitudentransmissionsverhältnis an Grenzflächen zwischen zwei Medien für senkrechte (Index s) oder parallele (Index p) Komponente zur Einfallsebene
t	1	Variable einer Geradengleichung
v	1	Drehachse (Einheitsvektor)
w	m	Vektor der Verlagerung eines Spiegelsystems bzw. Prismas
x, y, z		Achsen eines kartesischen Koordinatensystems, als Index zur Kennzeichnung von Komponenten von Vektoren verwendet
X	m	Vektor eines Punktes mit den Koordinaten x, y und z
α	rad	Winkel zwischen zwei Spiegelflächen eines Spiegelsystems
β	rad	Drehwinkel eines Elements
γ	rad	Winkel zwischen erster Spiegelfläche und Verlagerungsrichtung des Elements
$[\alpha, \beta, \gamma]$	1	Richtungskosini eines Vektors
δ	rad	Winkel zwischen Ein- und Ausfallstrahl eines optischen Elements
ε	rad	Einfallswinkel des Lichtes auf eine Grenzfläche
ϵ	rad	Elliptizitätswinkel der Polarisationsellipse
ϵ_R	1	Relative elektrische Permittivität

Größe	Einheit	Bedeutung
θ	*rad*	Azimutwinkel der Polarisationsellipse
λ	*m*	Wellenlänge
μ_R	*1*	Relative magnetische Permeabilität
ϕ	*rad*	Phasenwinkel einer optischen Welle
χ	*1*	Zahl in der komplexen Ebene der Polarisation
ω	s^{-1}	Kreisfrequenz einer optischen Welle
$\langle \boldsymbol{x}.\boldsymbol{y} \rangle$		Skalarprodukt der Vektoren x und y
$\boldsymbol{x} \times \boldsymbol{y}$		Kreuzprodukt der Vektoren x und y

1 Einleitung

Die wachsenden Ansprüche in der Präzisionstechnologie erfordern immer bessere Auflösungen der Messgeräte, die für Herstellung und Qualitätssicherung der Produkte eingesetzt werden. In der Längenmesstechnik sind es vor allem Interferometer, die eine Spitzenrolle einnehmen. Ihre Auflösung übertrifft die der meisten anderen Messprinzipien. Gleichzeitig bieten sie verhältnismäßig große Messbereiche.

Die vielfältigen Arten und Bauformen von Interferometern erlauben ein sehr breites Anwendungsfeld über das der Präzisionstechnik hinaus. Die schnelle und berührungslose und daher rückwirkungsfreie Messung ist für viele Anwendungen geeignet. Vor allem in der Positionier- und Fertigungstechnik, insbesondere in der Halbleiterindustrie sind Interferometer als Längenmesssysteme etabliert. Sie werden aber auch zur Oberflächenmessung eingesetzt.

Die meisten Interferometer zur Längenmessung sind nach dem Michelson-Prinzip oder einer leicht abgewandelten Anordnung aufgebaut. Eine Einschränkung der Flexibilität stellt hier die Messanordnung dar. Der Messstrahl muss stets in gerader, unabgeschatteter Linie auf die Messstelle treffen, wo ein Reflektor angebracht ist. Auf dem Rückweg durchläuft der Strahl denselben oder einen leicht versetzten Weg ein zweites Mal. Für den Aufbau oder das Gerät, in dem das Interferometer verbaut ist, entstehen so große Aufstellflächen im Verhältnis zur Messlänge. Insbesondere bei Mehrkoordinatenmessungen mit mehreren Interferometern in unterschiedlichen Achsen wirkt sich dieser große sogenannte „footprint“ negativ aus. Einige schwer zugängliche Messstellen sind in gerader Linie nicht erreichbar und können daher nicht mit einem Interferometer vermessen werden. Dies kann besonders in miniaturisierten Systemen ein Problem darstellen.

In dieser Arbeit wird daher eine Methode untersucht, um die Anordnung von Messgerät und Messobjekt flexibler zu gestalten. Der Strahl kann mit Hilfe von Umlenkelementen geführt und in seiner Richtung verändert werden. Die freie Gestaltung des Strahlenverlaufs erlaubt neue Konzepte für die Anordnung und das Design von Messplätzen und erweitert die Anwendungsmöglichkeiten von Interferometern.

Dieser Vorteil hat jedoch seinen Preis. Mit Einsatz eines Umlenkelementes im Messstrahlengang wird eine potenzielle Fehlerquelle in die Messanordnung eingeführt. Besonders kritisch sind dabei Bewegungen des Umlenkelementes, die den Messwert verfälschen. Diese Arbeit befasst sich mit den Eigenschaften und dem Übertragungsverhalten von Strahlumlenkelementen. Bisherige Anwendungsfelder solcher Elemente beschränken sich hauptsächlich auf abbildende optische Systeme. Für derartige Anwendungen ist das Verhalten der Elemente hinreichend untersucht. In interferometrischen Längenmesssystemen hingegen spielen andere Eigenschaften eine Rolle, auf die in der vorliegenden Arbeit besonderes Augenmerk gelegt wird.

Bei der Einstufung des Übertragungsverhaltens wird von den Begriffen *invariant*, *innozent* und *sensitiv* Gebrauch gemacht, wie sie in [Kra82, S. 174] benutzt werden. Man spricht von Invarianz, wenn eine Störgröße (z.B. die Bewegung des Umlenkelementes) auf eine betrachtete Funktionsgröße (z.B. die Strahlposition oder -richtung) keine Auswirkungen hat. Solches Verhalten ist zu beobachten, wenn die Störgröße völlig von der Funktionsgröße entkoppelt ist oder vom System vollständig kompensiert wird. Der Begriff Innozenz beschreibt eine eingeschränkte Unempfindlichkeit des Systems, wenn der Einfluss der Störgröße auf die Funktionsgröße von zweiter oder höherer Ordnung ist. Dadurch bleiben die Auswirkungen bei Einprägung kleiner Fehler sehr gering und oft vernachlässigbar. Dieses Verhalten setzt einen nichtlinearen Zusammenhang zwischen Stör- und Funktionsgröße voraus, welcher Sattel- oder Extremstellen im Kurvenverlauf aufweist. Der Anstieg, d.h. die Empfindlichkeit an solchen Punkten ist null. Ihr Betrag wächst allerdings mit zunehmender Entfernung zu einem derartigen Punkt. Um das Innozenzverhalten eines Systems zu nutzen, ist daher die Wahl des Arbeitspunktes entscheidend. Jedes andere Übertragungsverhalten zwischen Stör- und Funktionsgröße wird als sensitiv bezeichnet. Dies beschreibt qualitativ, dass das Einprägen einer Störgröße die Funktionsgröße verändert, ohne den Faktor der Übertragung zu quantifizieren. Bei einem großen Faktor eignet sich eine derartige Störgröße beispielsweise gut als Justierstelle.

1.1 Motivation und Ziele

Die Zielstellung dieser Arbeit lässt sich an einem Beispiel anschaulich verdeutlichen. Hierzu soll die an der Technischen Universität Ilmenau entwickelte Nanomess- und Nanopositioniermaschine NPMM-1 dienen [Sch08] [LDS13]. Abb. 1.1a zeigt den stark vereinfachten schematischen Aufbau der Maschine. Das Messobjekt (3) befindet sich auf einer Spiegelecke (4), die zur Positionierung genutzt wird. Sie ist in drei Richtungen translatorisch beweglich und kann mit einer Auflösung im Subnanometerbereich und einer Reproduzierbarkeit im unteren einstelligen Nanometerbereich positioniert werden. Für eine bessere Übersichtlichkeit wurde auf die Darstellung des Positioniermechanismus für die Spiegelecke in der Abbildung verzichtet. Die drei senkrecht zueinander stehenden Außenflächen sind verspiegelt, um als ebene Reflektoren für die Längenmessung zu dienen.

Das Gerät ist mit drei Planspiegelinterferometern (6) ausgestattet, die in Richtung der kartesischen Koordinatenachsen auf die Messspiegelecke gerichtet sind. Ihre Strahlen würden sich bei gedachter Verlängerung in einem einzigen Punkt schneiden. Dies ist der sogenannte Abbe-Punkt (2), der es erlaubt, das Abbe'sche Komparatorprinzip in allen drei Raumrichtungen zu realisieren. Messstrecke und Maßstab sind in diesem Fall fluchtend angeordnet, sodass Messfehler durch leichte Verkippungen der Messspiegelecke klein gehalten werden [Abb90]. Diese Eigenschaft ist ein Beispiel für innozentes Verhalten und wesentlich für die Präzision des Gerätes.

Im Abbe-Punkt befindet sich der Messpunkt eines Tastsystems (1), das bei Antastung des Messobjektes ein Signal liefert. Zu diesem Zeitpunkt werden die Messwerte der Interferometer als Datenpunkt abgespeichert.

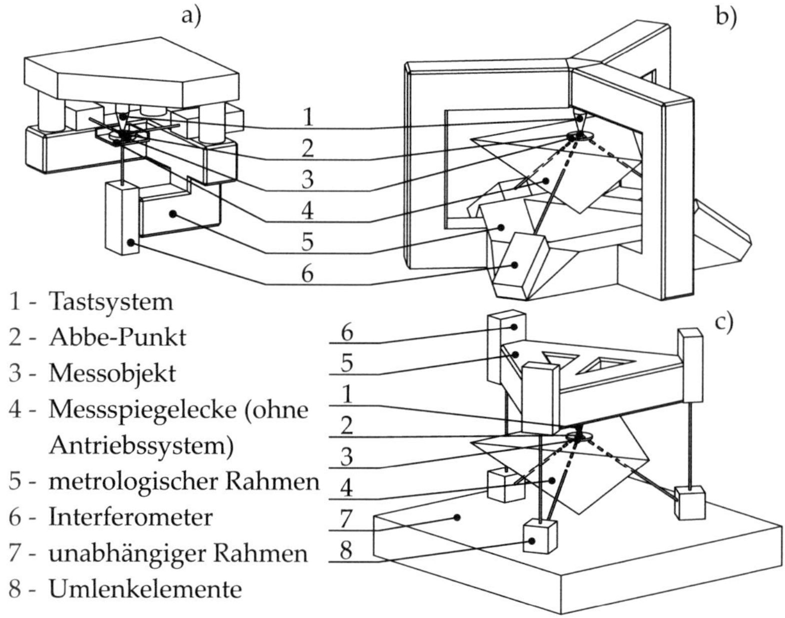

Abb. 1.1: Vereinfachte Modelle von Design-Konzepten für eine Nanopositionier- und Nanomessmaschine. a) Nanopositionier- und Nanomessmaschine 1, b) tetraederförmige Spiegelecke c) tetraederförmige Spiegelecke mit Umlenkung der Interferometerstrahlen. [Fra+04] Alle Darstellungen im gleichen Maßstab.

Das Tastsystem ist austauschbar und kann basierend auf verschiedenen Messprinzipien berührend und berührungslos verwendet werden.

Die mechanische Verbindung zwischen den Interferometern und dem Tastsystem bildet der sogenannte metrologische Rahmen (5). Seine mechanische und thermische Stabilität ist ebenfalls eine wichtige Voraussetzung für die Präzision des Gerätes. Eine Änderung der Geometrie dieses Rahmens würde die Abstände zwischen dem Tastsystem und den Interferometern untereinander beeinflussen. Diese Abweichungen werden im Messsignal erfasst und können nicht von den eigentlichen Bewegungen der Spiegelecke getrennt werden. Sie stellen daher direkte Messfehler dar.

Im Rahmen der Weiterentwicklung der Nanopositionier- und Nanomessmaschine wurden verschiedene Konzepte untersucht, die die mechanische Stabilität von Messspiegelecke und metrologischem Rahmen verbessern können [Fra+04]. Eines dieser Konzepte ist die tetraederförmige Spiegelecke (Abb. 1.1b), bei der die drei immer noch senkrecht zueinander stehenden Spiegelflächen derart gedreht sind, dass die gemeinsame Ecke senkrecht nach unten zeigt. Sie bietet eine verbesserte Steifigkeit und höhere Symmetrie. Dies führt zu geringeren Verformungen, die ebenfalls symmetrisch ausgeprägt sind. Auch der metrologische Rahmen würde in dieser Anordnung eine höhere Symmetrie aufweisen. Das würde jedoch gleichzeitig seine Abmessungen bei gleichem Messvolumen erheblich vergrößern. (Abb. 1.1 a bis c sind im selben Maßstab dargestellt.) Dadurch reduziert sich die thermische und mechanische Stabilität. Der größere Rahmen würde zudem die Zugänglichkeit des Messobjektes einschränken.

Eine Lösung, die all diese Nachteile umgeht, besteht darin, die Interferometer oberhalb der Spiegelecke und damit näher am Tastsystem anzubringen [Fra+04] (Abb. 1.1c). Damit sind die Spiegel für die Interferometerstrahlen nicht mehr in gerader Linie erreichbar. Eine Umlenkung wird notwendig. Die dazu verwendeten Umlenkelemente (8) sind in der Darstellung nicht näher spezifiziert und nur als Platzhalter, sogenannte „Black Boxes“, gezeigt.

Verbindet man die Umlenkelemente mit dem metrologischen Rahmen, um ihre Positions- und Lagestabilität zu gewährleisten, büßt man die zuvor gewonnenen Vorteile wieder ein. Zur Trennung der Funktionen sollte ein separater Rahmen (7) die Elemente aufnehmen. Dieser muss zwar auch sehr stabil sein, braucht aber nicht die extrem hohen Anforderungen zu erfüllen, die an den metrologischen Rahmen gestellt werden. Er ist zudem nicht mit diesem über eine mechanische Verbindung gekoppelt. Dadurch würde er kleine Bewegungen der Umlenkelemente im Bereich von wenigen Mikrometern bzw. Bogenminuten zulassen, welche Messfehler verursachen können. Sind diese bekannt, können sie durch günstige Nutzung von Invarianz- und Innozenzeigenschaften der Umlenkelemente und rechnerische Korrektur der Messwerte im Design des Gerätes bzw. Messaufbaus berücksichtigt werden.

Losgelöst von der Anwendung in der Nanomessmaschine werden in der vorliegenden Dissertation Fehler, die von Umlenkelementen in interferometrischen Anordnungen verursacht werden, untersucht und analysiert. Die Vermeidung und Korrektur der Fehler sind dabei das wichtigste Ziel. Gleichzeitig wird eine mechanisch einfache, preiswerte und robuste Bauweise der Interferometeranordnung angestrebt. Um die Fehler korrigieren oder kompensieren zu können, muss das Übertragungsverhalten der Umlenkelemente bei Verlagerungen im Raum bekannt sein. Dabei spielen Invarianzachsen der Elemente eine wichtige Rolle. Daraus werden Strategien zur Vermeidung oder nachträglichen Verrechnung der Fehler abgeleitet. Es werden Empfehlungen zum Einsatz von Umlenkelementen in interferometrischen Längenmesssystemen gegeben, die eine fehlerarme Anordnung ermöglichen.

1.2 Abgrenzung des Themas

Diese Arbeit befasst sich ausschließlich mit der interferometrischen Längenmesstechnik. Wenngleich verschiedene Bauformen von Interferometern die Messung von Oberflächen, Geschwindigkeiten, Schwingungsgrößen u.v.m. erlauben, so ist doch der größte Anwendungsbereich für Interferometer die Längenmesstechnik.

Bei den untersuchten Messgeräten handelt es sich um Ein- oder Mehrstrahlinterferometer, die auf dem Prinzip des Michelson-Interferometers [Mic27] beruhen. Als Reflektoren werden im Rahmen der Arbeit Planspiegel verwendet, falls das Messobjekt nicht selbst eine reflektierende Oberfläche besitzt. Eine Ausdehnung der Betrachtungen auf weitere Interferometerarten wird nicht vorgenommen. Die Übertragung der Ergebnisse ist aber zumindest für ähnlich arbeitende Interferometertypen möglich. Zur Vermeidung oder Korrektur von Messfehlern sollen dabei keine Änderungen am eigentlichen Interferometer vorgenommen werden. Das Umlenkelement wird als Zusatzelement betrachtet, welches das Messgerät in seiner Funktionalität ergänzt aber in seinem Aufbau nicht verändert.

Da die Untersuchung des Themenfeldes zur Umlenkung von Interferometerstrahlen sehr umfangreich ist, können nicht alle Aspekte in dieser Arbeit behandelt werden. Daher wird zunächst die Beschränkung auf reflektierende und refraktive Umlenkelemente vorgenommen, d.h. solche Umlenkelemente, die auf Reflexion oder Brechung des Lichtes beruhen. Dazu gehören Spiegel, Prismen und Systeme mehrerer solcher Elemente. Aufgrund des großen Umfangs aller bekannten Prismen- und Spiegelsysteme wird in dieser Arbeit eine Kategorisierung vorgenommen, die die Elemente nach ihren Grundeigenschaften einteilt.

Die Umlenkelemente selbst werden als fehlerfrei betrachtet. Es wird also von Gestaltabweichungen und Materialfehlern abgesehen. Alle Werkstoffe gelten als ideal homogen, Flächen als ideal eben, Oberflächen als ideal glatt und alle Abmessungen und Winkel als frei von Toleranzen. Die ideale Form wird als stabil angenommen, sodass sich ein Umlenkelement nur insgesamt als starrer Körper bewegen kann, während die Relativlagen einzelner Flächen unverändert bleibt.

Für die Untersuchung von Richtung und Position des Interferometermessstrahls wird das Strahlenmodell (siehe Modellierung von Licht, Kapitel 2) verwendet, welches den Lichtstrahl als unendlich dünn beschreibt. Das ist für die Annahme idealer Flächen und Materialien ausreichend. Wo es notwendig ist, wird das Wellenmodell des Lichtes verwendet, um z.B. die Polarisation zu beschreiben. Das Licht wird in diesem Fall als unendlich ausgedehnte, ebene Welle beschrieben. Mit

Ausnahme optisch anisotroper Medien (Kapitel 5) stehen die Wellenfronten senkrecht zur Ausbreitungsrichtung des Lichtes. Die Betrachtungen in dieser Arbeit beschränken sich auf monochromatisches Licht, d.h. Licht konstanter Wellenlänge, da ein Großteil der Interferometer mit Laserlichtquellen ausgestattet ist, die dieser Annahme entsprechen. Die Erkenntnisse lassen sich bei Bedarf auf andere Wellenlängen übertragen.

2 Grundlagen und Stand der Technik

Vor der Untersuchung der Strahlumlenkung ist es notwendig, die Grundlagen der interferometrischen Messung sowie der eigentlichen Maßverkörperung - des Lichtes - zu betrachten. In diesem Kapitel wird die mathematische Beschreibung möglichst einfach gehalten und das grundlegende Funktionsprinzip von Interferometern beschrieben, ohne auf komplexere Bauarten einzugehen. Die relevanten Fehlereinflüsse bei der interferometrischen Messung werden vorgestellt mit besonderem Augenmerk auf Eigenschaften, die bei Einführung von Strahlumlenkung von Veränderung betroffen sind.

2.1 Eigenschaften und Modellierung von Licht

Zur Beschreibung aller Effekte, die im Zusammenhang mit Licht stehen, existieren drei verschiedene Modelle: Das Strahlenmodell, das Wellenmodell und das Teilchenmodell. In dieser Arbeit wird das Teilchenmodell nicht verwendet, da es hauptsächlich zur Darstellung der Wechselwirkung von Licht mit Materie dient.

Das Strahlenmodell beschreibt das Licht durch eine Ausbreitungsrichtung s, die von einem Einheitsvektor im dreidimensionalen Raum repräsentiert wird, und einen Ausgangspunkt, ebenfalls in dreidimensionalen Koordinaten. Mit diesen Informationen lässt sich die Ausbreitung eines unendlich dünnen Strahls beschreiben, wie sie in Raytracing-Modellen verwendet wird. Voraussetzung dafür ist ein homogenes Medium. An einer Grenzfläche mit dem Normaleneinheitsvektor $\boldsymbol{n}$ wird nach dem Reflexions- (Gleichung 2.1) bzw. Brechungsgesetz (Gleichung 2.2) die Strahlrichtung verändert (Abb. 2.1) [Haf03, S. 43, 46; verändertes

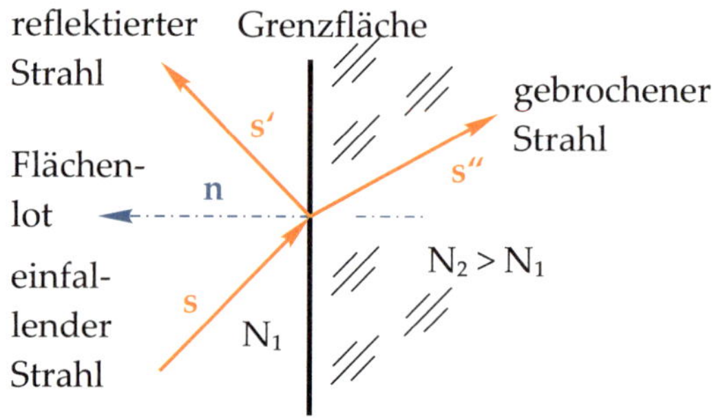

Abb. 2.1: Reflexion und Brechung eines einfallenden Lichtstrahls $\boldsymbol{s}$ an einer Grenzfläche zwischen zwei Medien verschiedener Brechzahl N_1 und N_2.

Vorzeichen aufgrund der entgegengesetzten Richtungsdefinition des Flächennormalenvektors].

$$\boldsymbol{s}' = \boldsymbol{s} - 2\boldsymbol{n}\langle \boldsymbol{n}\boldsymbol{s}\rangle \tag{2.1}$$

$$\boldsymbol{s}'' = \frac{N_1}{N_2} \cdot \boldsymbol{s} - \boldsymbol{n}\left(\frac{N_1}{N_2}\langle \boldsymbol{n}\boldsymbol{s}\rangle + \sqrt{1 - \left(\frac{N_1}{N_2}\right)^2 (1 - \langle \boldsymbol{n}\boldsymbol{s}\rangle^2)}\right) \tag{2.2}$$

Die Ausbreitungsrichtung des ausfallenden Strahls wird durch den Einheitsvektor $\boldsymbol{s}'$ für reflektiertes Licht und $\boldsymbol{s}''$ für transmittiertes Licht beschrieben. Für die Berechnung der Brechung ist zudem die Kenntnis der beiden mitunter komplexen Brechzahlen N_1 und N_2 des Mediums vor und hinter der Grenzfläche notwendig. Der Auftreffpunkt des vorherigen Strahls wird zum Ausgangspunkt des folgenden. Auf diese Weise lassen sich Strahlen durch beliebig komplexe optische Systeme verfolgen, um deren Abbildungseigenschaften zu beurteilen. Das Lot der Fläche wird im Auftreffpunkt ermittelt und ist bei gekrümmten Flächen abhängig vom Ort. In dieser Arbeit soll das Flächenlot stets in der Richtung angetragen werden, in der es in den Halbraum des einfallenden Lichtes hineinragt.

Beim **Wellenmodell** wird das Licht als elektromagnetische Transversalwelle beschrieben. Es existieren ein elektrisches und ein magnetisches Feld dargestellt durch die Feldstärken $\boldsymbol{E}$ und $\boldsymbol{H}$. Beide sind in Phase und schwingen senkrecht zur Ausbreitungsrichtung und zueinander. Daher genügt zur mathematischen Beschreibung eines der beiden Felder, wobei in der Literatur meist das elektrische Feld verwendet wird [Chi89]

$$\boldsymbol{E} = \boldsymbol{A} \cdot \cos(\omega t - \boldsymbol{k}\boldsymbol{r} + \phi). \tag{2.3}$$

Es sind $\boldsymbol{A}$ die Amplitude, t die Zeit, $\omega = 2\pi \cdot f$ die Kreisfrequenz, $\boldsymbol{k}$ der Wellenvektor mit $|\boldsymbol{k}| = \frac{2\pi}{\lambda}$, $\boldsymbol{r}$ der Ortsvektor und ϕ der absolute Phasenwinkel einer Lichtwelle der Wellenlänge λ und Frequenz f. Zur Vereinfachung der Berechnungen wird häufig die exponentielle Schreibweise angewendet

$$\boldsymbol{E} = \Re\{\boldsymbol{A} \cdot \mathrm{e}^{\mathrm{i}(\omega t - \boldsymbol{k}\boldsymbol{r} + \phi)}\}. \tag{2.4}$$

Dabei werden die Amplitude $\boldsymbol{A}$ und der absolute Phasenwinkel ϕ oft zur komplexen Amplitude $\hat{\boldsymbol{A}} = \boldsymbol{A} \cdot \mathrm{e}^{\mathrm{i}(\phi)}$ zusammengefasst. Auf die Schreibung des Realteils wird im Folgenden verzichtet, so dass

$$\boldsymbol{E} = \hat{\boldsymbol{A}} \cdot \mathrm{e}^{\mathrm{i}(\omega t - \boldsymbol{k}\boldsymbol{r})} \tag{2.5}$$

ist. Auch von der Schreibung der Zeitabhängigkeit wird im Folgenden abgesehen, da es sich bei allen untersuchten Wellen um quasimonochromatisches Laserlicht, also um Licht von annähernd gleicher Wellenlänge, handelt und der Term somit stets konstant bleibt.

Der Transversalcharakter der Welle wird durch ihren Polarisationszustand beschrieben (siehe [AB89] für eine umfassende Einführung). Dabei wird die Figur betrachtet, die die Spitze des elektrischen Feldstärkevektors an einem festen Ort über die Zeit einer vollständigen Periode beschreibt. Die übliche Konvention ist dabei eine Betrachtung entgegen der Lichtausbreitungsrichtung. Bei vollständig polarisiertem Licht bilden lineare und zirkulare Polarisation die beiden Spezialfälle der im Allgemeinen elliptischen Polarisation. Unpolarisiertes Licht, auch natürliches Licht genannt, ist eine Überlagerung von kurzen Wellenzügen mit gänzlich zufälliger Polarisation, die im zeitlichen Mittel keine besondere Richtung bevorzugt. Teilpolarisiertes Licht wird allgemein als Überlagerung eines vollständig polarisierten und eines vollständig unpolarisierten Anteils betrachtet [AB89, S. 64].

Das von Lasern zur Verfügung gestellte Licht, ist in der Regel vollständig oder fast vollständig und oft linear polarisiert, weshalb teil- und unpolarisiertes Licht in dieser Arbeit nicht weiter betrachtet wird. Zur Beschreibung von vollständig polarisiertem Licht genügt der dreidimensionale Vektor $\hat{\boldsymbol{A}}$. Jede Komponente in x-, y- und z-Richtung eines beliebig gewählten Koordinatensystems hat darin ihre eigene Amplitude und Phase. Somit wird auch die Beschreibung von nichtlinearer Polarisation möglich. Mitunter findet man auch Schreibweisen, bei denen die gemeinsame Amplitude A und der absolute Phasenwinkel ϕ als komplexer Skalarterm ausgeklammert sind. Der verbleibende komplexe Vektor ist dann ein Einheitsvektor.

Da in homogenen Medien zur Beschreibung der Polarisation die Ortsabhängigkeit nicht benötigt wird, wird sie im weiteren Verlauf dieser Arbeit weggelassen. Was übrig bleibt, ist der komplexe Vektor $\hat{\boldsymbol{A}}$, der den Polarisationszustand des Lichtes vollständig charakterisiert. Die Ebene, in der der Feldstärkevektor schwingt, liegt mit Ausnahme optisch anisotroper Materialien (siehe Kapitel 5) senkrecht zur Lichtrichtung $\boldsymbol{s}$, welche im Wellenmodell als Normalenvektor der Wellenfronten interpretiert wird.

2.2 Grundlagen zur interferometrischen Längenmesstechnik

In der interferometrischen Längenmesstechnik wird die Wellenlänge des Lichtes als Maßstab verwendet, um die Länge l einer Strecke, genauer deren Änderung, zu bestimmen. Das Licht muss diese Strecke durchlaufen, wodurch die zurückgelegte Distanz in der aktuellen Phase der Lichtwelle kodiert wird. Hierbei ist die Brechzahl N_M des Mediums, in dem sich das Licht ausbreitet, als Faktor zur Strecke zu berücksichtigen, weil sie die Lichtgeschwindigkeit beeinflusst. Das Produkt aus Brechzahl und geometrischer Länge bezeichnet man als optische Weglänge L. Die Änderung dieser Größe ist die eigentliche Messgröße eines Interferometers.

$$L = N_M \cdot l \tag{2.6}$$

Da die Phasenlage des Lichtes der Messung nicht direkt zugänglich ist, wird durch Interferenz diese Information in eine Intensität umgewandelt, welche mit Detektoren (z.B. Photodioden) messbar ist. Dafür wird ein Referenzstrahl genutzt, der eine andere Strecke von stets konstanter Länge zurücklegt. Er muss zum Messstrahl kohärent sein, d.h. eine feste Phasenbeziehung besitzen, so dass bei Überlagerung der beiden ein Interferenzmuster entsteht.

Ein einfaches Beispiel ist das Michelson-Interferometer [Mic27], das in Abb. 2.2 dargestellt ist. Mess- und Referenzstrahl entstammen derselben Laserlichtquelle (1), um ihre gegenseitige Kohärenz sicherzustellen. Sie werden durch einen Strahlteiler (2) in zwei verschiedene Arme gelenkt. Der Messarm hat eine variable Länge, deren Änderung ermittelt werden soll, während der Referenzarm eine konstante Länge besitzt. Planspiegel (3 und 4) senden das Licht jeweils wieder zum Strahlteiler zurück, wo beide Strahlen überlagert und zur Auswertung auf einen Detektor (5) gelenkt werden. Die Intensität dieser Überlagerung ist von der relativen Phasenlage beider Wellen abhängig.

Zur Vereinfachung werden die Amplituden zunächst nur als Skalare betrachtet. Die Addition der Referenzwelle

$$E_{ref} = A_{ref} \mathrm{e}^{i(\omega t - \boldsymbol{kr})} \tag{2.7}$$

und der Messwelle

$$E_{mes} = A_{mes} \mathrm{e}^{i(\omega t - \boldsymbol{kr} + \phi)}, \tag{2.8}$$

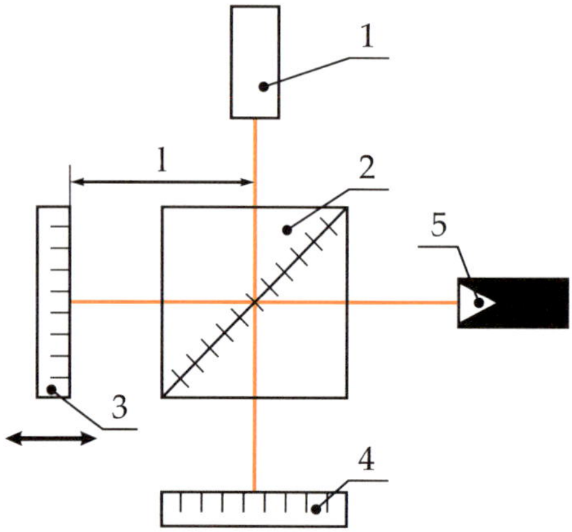

Abb. 2.2: Prinzip des Michelson-Interferometers.

die idealerweise die gleiche Amplitude und Ausbreitungsrichtung haben und sich lediglich in ihrer Phase um ϕ unterscheiden, ergibt

$$E_{sum} = (A_{ref} + A_{mes}\mathrm{e}^{\mathrm{i}\phi})\mathrm{e}^{\mathrm{i}(\omega t - \boldsymbol{kr})}. \tag{2.9}$$

Hiervon muss nur die komplexe Amplitude betrachtet werden, um die Signalintensität zu bestimmen, welche proportional zum Amplitudenquadrat ist.

$$\begin{aligned} I_{sum} \sim A_{sum}A_{sum}^{*} &= (A_{ref} + A_{mes}\mathrm{e}^{\mathrm{i}\phi})(A_{ref} + A_{mes}\mathrm{e}^{-\mathrm{i}\phi}) \\ &= A_{ref}^2 + A_{mes}^2 + 2A_{ref}A_{mes}\cos(\phi). \end{aligned} \tag{2.10}$$

Bei Veränderung der Messstrecke, d.h. Verschiebung des Messspiegels in Lichtrichtung, ist die Intensität des Messsignals von der Phasendifferenz ϕ zwischen Mess- und Referenzstrahl abhängig, welche in direktem Zusammenhang mit der vom Licht zurückgelegten Strecke l steht.

$$\phi = 2\frac{2\pi N_M l}{\lambda} \tag{2.11}$$

Die Intensität folgt demnach einem sinusförmigen Verlauf. Die Anzahl der Übergänge zwischen zwei Minima muss gezählt werden, wobei eine vollständige Periode einer Änderung der Weglänge um $\lambda/2$ entspricht, da das Licht die Messstrecke zweimal durchläuft. Häufigeres Durchlaufen z.B. zur Erhöhung der Messempfindlichkeit ist möglich. Durch diese Art der Auswertung kann stets nur relativ gemessen werden. Lediglich innerhalb einer halben Lichtwellenlänge ist die Position eindeutig zuzuordnen. Häufig wird in diesem Bereich das Signal interpoliert, um eine bessere Auflösung zu erreichen.

Das Prinzip setzt voraus, dass der Lichtweg zwischen Messkopf und Spiegel während der Messung nicht unterbrochen wird. Zur Identifikation der Bewegungsrichtung bei alternierenden Bewegungen wird ein zweites, in der Regel um 90° in der Phase versetztes Signal benötigt. Für eine robustere Messauswertung werden meist vier Signale mit einem Phasenversatz von jeweils 90° benutzt.

In dieser Arbeit wird eine leicht abgewandelte Form des Michelson-Interferometers betrachtet und für die experimentellen Untersuchungen verwendet. Abb. 2.3 zeigt den schematischen Aufbau.

Das System nutzt die Polarisationseigenschaften des Lichtes zur Strahlteilung und Signalgewinnung, weshalb zusätzlich zum Grundaufbau einige polarisationsbeeinflussende Elemente enthalten sind. Die Polarisationsrichtung des Lichtes im Gerät ist in Form kleiner Pfeile neben den Strahlen angegeben. Dargestellt ist die Richtung stets für einen Betrachter, der dem jeweiligen Lichtstrahl entgegen schaut. Zur besseren Unterscheidung der Polarisation von hin- und rücklaufendem Strahl in Mess- und Referenzarm sind diese leicht versetzt gezeichnet, obwohl sie tatsächlich übereinander liegen.

Das Licht der Laserquelle wird über eine Faser (1) zugeführt und durch eine Optik kollimiert. Es passiert danach einen linearen Polarisator (6), der eine lineare Polarisation in diagonaler Richtung sicherstellt. Im folgenden Strahlteiler (2) wird das Licht nach seiner Polarisation in Mess- und Referenzarm aufgeteilt. Der parallel zur Einfallsebene polarisierte Anteil wird durchgelassen, während der senkrechte Anteil

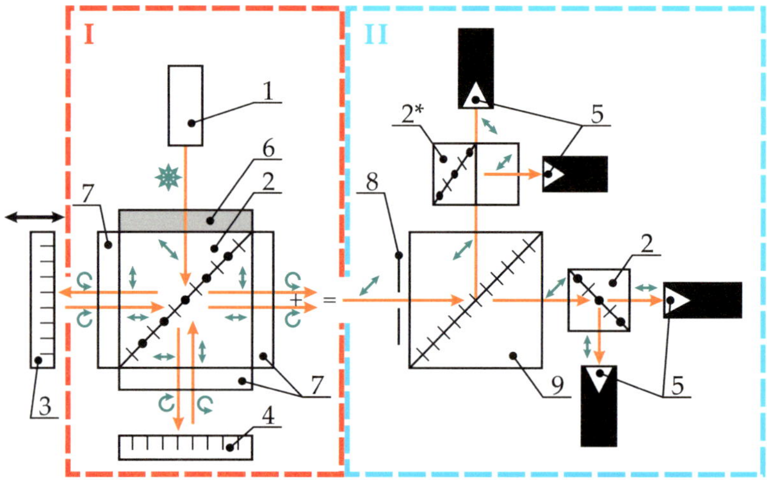

I - Interferometereinheit   II - Detektionseinheit

1 - Lichtquelle (Faserausgang)	3 - Messspiegel	7 - $\lambda/4$-Platte
2 - polarisierender Strahlteiler (* um 45° gedreht)	4 - Referenzspiegel	8 - Blende
	5 - Detektor (Photodiode)	9 - Intenstitäts-strahlteiler
	6 - Polarisator	

Abb. 2.3: Prinzip eines polarisierenden Michelson-Interferometers mit Angabe der Polarisationsrichtung des jeweiligen Strahlabschnitts.

reflektiert wird. Da die einfallende Welle unter 45° linear polarisiert ist, sind beide Amplituden gleich groß.

Beide Strahlen durchlaufen auf ihrem Weg anschließend eine $\lambda/4$-Platte (7), die ihre lineare Polarisation in eine links- bzw. rechts-zirkulare Polarisation umwandelt. So passieren sie die Mess- bzw. Referenzstrecke und werden an den Planspiegeln (3 und 4) reflektiert, die den Drehsinn der Polarisation umkehren. Beim erneuten Durchgang durch die $\lambda/4$-Platte entsteht wieder eine lineare Polarisation. Sie ist allerdings nun senkrecht zur Polarisationsrichtung des jeweiligen Strahls auf seinem Hinweg. Daher wird der vorher reflektierte Strahl nun durchgelassen und der zuvor transmittierte Strahl reflektiert. So gelangt kein Anteil des Lichtes zur Quelle zurück, was die Lichtquelle destabilisieren könnte. Zudem erhöht diese Anordnung die Effizienz des Gerätes.

Da die beiden Teilwellen am Ausgang des Strahlteilerwürfels (2) senkrecht zueinander polarisiert sind, können sie nicht direkt interferieren. Ihre Addition ergibt statt einer phasenabhängigen Amplitude eine Welle mit konstanter Amplitude und phasenabhängiger Elliptizität. Eine dritte $\lambda/4$-Platte (7) macht aus den beiden linearen Komponenten wieder zirkular polarisierte Wellen. Diese ergeben in Überlagerung wiederum eine lineare Polarisation, deren Drehlage von der Phasendifferenz der beiden Teilwellen und damit von der Länge der Messstrecke abhängt.

Um diese Drehlage messbar zu machen und die vier phasenversetzten Signale zur Erkennung der Bewegungsrichtung zu extrahieren, wird der Strahl zunächst durch einen polarisationsunabhängigen Intensitätsteiler (9) in zwei Teilstrahlen gleicher Intensität aufgeteilt. Die Ausgänge zweier polarisierender Strahlteiler (2), die zueinander um 45° verdreht liegen, liefern die vier gewünschten Signale, aus denen Position und Bewegungsrichtung errechnet werden können.

2.3 Anforderungen an die Messung und Messumgebung

Die interferometrische Messung ist sehr empfindlich gegenüber Störeinflüssen. Es gibt zahlreiche Fehlerquellen, die das Ergebnis beeinflussen können. Die wichtigsten sind nachfolgend aufgeführt.

1. Wellenlänge

Da die Wellenlänge als Maßstab dient, muss ihre Größe sehr genau bekannt und vor allem während der Messung konstant sein. Sie ist u. a. von der Frequenz des Lichtes abhängig. Diese kann sich beispielsweise durch Veränderungen der Lichtquelle verschieben. Daher werden für Interferometer fast ausschließlich stabilisierte Laser verwendet, die eine Frequenzstabilität von 10^{-8} oder besser garantieren [EE10, S. 372].

Einen weiteren Einfluss auf die Wellenlänge hat die Brechzahl des Mediums, in dem sich das Licht ausbreitet. Für Luft liegt diese ca. bei 1, wird aber von vielen Umgebungsbedingungen beeinflusst. Die wesentlichen Faktoren sind hier Temperatur, Luftdruck, Luftfeuchtigkeit und Zusammensetzung des Gasgemisches. Meist werden diese Parameter während der Messung ebenfalls erfasst und die Wellenlänge entsprechend der Edlen-Formel korrigiert [Edl53], [Pfe93, S. 34]. Da diese Messungen nur an einem oder wenigen Punkten im Raum vorgenommen werden, die Größen aber räumlich schwanken können, ist diese Korrektur nur mit begrenzter Genauigkeit möglich. Luftströmungen und lokale Unterschiede in Temperatur, Druck und Feuchte sind daher während der Messung nach Möglichkeit zu vermeiden. Am besten gelingt dies durch die Messung im Vakuum, die allerdings apparativ aufwendig ist und andere Nachteile mit sich bringt.

2. Kohärenz

Die beiden Teilwellen aus Mess- und Referenzarm müssen interferenzfähig, d. h. kohärent sein. Dazu müssen sie in einer festen Phasenbeziehung stehen [Jah01] [PP93]. Im Wesentlichen bedeutet dies, dass der Längenunterschied zwischen Mess- und Referenzstrecke deutlich kürzer sein muss als die Kohärenzlänge. Diese wird durch die Lichtquelle bestimmt und liegt bei hochstabilisierten Gaslaserquellen zumeist über den gängigen Arbeitsbereichen für Interferometer.

Bei sinkender Kohärenz verringert sich der Kontrast des Interferenzmusters. Die Addition der Amplituden von Referenz- und Messwelle, die eine Verstärkung oder Auslöschung zulässt, wird bei sinkendem Kohärenzgrad zunehmend durch eine Addition der Intensitäten ersetzt, welche phasenunabhängig ist. Ab einer gewissen Schwelle ist das Signal nicht mehr interpretierbar.

3. Ununterbrochener Kontakt

Da die interferometrische Messung auf der Zählung der Nulldurchgänge des Interferenzsignals basiert, ist sie eine rein relative Messung. Zur Erlangung von absoluten Positionswerten ist ein reproduzierbar auffindbarer Referenzpunkt oder eine weitere Messung an mindestens einem Punkt mit einem anderen Messverfahren notwendig. Häufig wird jedoch auf diese Hilfsmittel verzichtet, da die relative Messung des Abstandes zweier Punkte für die Anwendung ausreichend ist.

Zur Messung dieses Abstandes, muss der Messspiegel entlang der Strecke bewegt werden, während das Signal ununterbrochen abgetastet und ausgewertet wird. Selbst bei einem kurzzeitigen Verlust des Signals ist die Beziehung zur Referenz verloren und die Messung damit unbrauchbar. Eine Abschattung eines der beiden Strahlen durch Objekte oder lokale Oberflächenverschmutzungen, ein zu geringer Kontrast, eine zu hohe Verfahrgeschwindigkeit oder eine Verkippung des planen Messspiegels können beispielsweise die Ursache sein.

4. Konstanz der Referenzweglänge

Die Referenzwelle, mit deren Hilfe das Interferenzmuster durch Überlagerung erzeugt wird, bildet den Nullbezug der Messung. Es kann stets nur der Unterschied der Längenänderung zwischen Mess- und Referenzarm gemessen werden. Dieser Unterschied wird in der Regel vollständig dem Messarm zugeschlagen, weil eine konstante Länge des Referenzarmes vorausgesetzt wird. Diese Länge, der Abstand vom Ort der Strahlteilung zum Ort der Reflexion und zurück zum Ort der Strahlüberlagerung, wird häufig durch einen Rahmen realisiert. Dessen Länge wird im Wesentlichen von der Temperatur beeinflusst, welche nicht zuletzt aus diesem Grund während der Messung konstant gehalten werden sollte. Die Wahl von geeigneten Materialien mit geringer thermischer Dehnung (z.B. Invar oder Zerodur) sowie die Wahl einer kurzen Referenzstrecke ermöglichen eine zusätzliche Reduktion dieser Fehlerquelle. In manchen interferometrischen Messaufbauten wird der Effekt gezielt genutzt, indem der Referenzstrahl auf einen Spiegel gelenkt wird, dessen Abstandsänderung zum Messobjekt untersucht wird. Bei den meisten Interferometern befindet sich der Referenzspiegel aber innerhalb des optischen Kopfes.

2.4 Fehlereinflussmöglichkeiten bei der Messung durch Strahlumlenkung

Durch Einbringen eines Umlenkelementes in den interferometrischen Strahlengang werden weitere potenzielle Fehlerursachen hinzugefügt. Die Fehler, die durch Umlenkelemente verursacht werden, sind Untersuchungsgegenstand der vorliegenden Arbeit. Sie können zunächst in die zwei Gruppen der statischen und dynamischen Fehler unterteilt werden.

Statische Fehler werden allein durch die Anwesenheit eines Umlenkelementes im Strahlengang verursacht. Sie müssen von den beabsichtigten Effekten der Strahlumlenkung unterschieden werden und beschreiben Abweichungen vom gewünschten Umlenkungszustand. Diese beeinflussen zwar den Signalkontrast oder Messwert des Interferometers, sind aber zeitlich in ihrer Größe konstant. Winkel- und Positionsfehler, die durch Geometrieabweichungen am Umlenkelement und dessen allgemeine Lagefehler verursacht werden, gehören zu dieser Gruppe ebenso wie eine Fokussierung bzw. Defokussierung des Strahls durch Formabweichungen der Oberflächen oder anderweitige Verzerrungen der Wellenfront. Auch Materialfehler oder Inhomogenitäten des Materials der Umlenkelemente können statische Fehler verursachen. Einige dieser Fehler lassen sich durch eine Justierung der Elemente beseitigen, während andere nicht korrigierbar sind. Oberflächen- und Materialfehler sollen in dieser Arbeit nicht berücksichtigt werden.

Dynamische Fehler entstehen im Gegensatz zu den statischen durch eine Bewegung, d.h. Verlagerung des Umlenkelementes. Sie sind nicht konstant und können sich auch während einer Messung verändern. Auch die Veränderung der Größe statischer Fehler zählt zu dieser Kategorie. Dynamische Fehler können nicht durch Justierung beseitigt werden. Sie müssen durch geeignete fehlerarme Anordnungen minimiert oder im Anschluss an die Messung rechnerisch korrigiert werden. Für letztere Methode muss ihre Größe zu jeder Zeit bekannt sein, was nur durch die Messung der Bewegungen des Umlenkelementes möglich ist. Zudem wird die Kenntnis des Übertragungsverhaltens des Elementes benötigt, um aus der augenblicklichen Lage auf die momentane Größe des Messfehlers schließen zu können.

Schließt man Fertigungs- und Materialfehler der Umlenkelemente aus und berücksichtigt nur ihre ideale Form, lassen sich vier Arten von Fehlern ableiten, die das Messergebnis verfälschen können:

- Winkelabweichungen des Strahls
- Parallelversatz des Strahls
- Änderungen der optischen Weglänge
- Änderung des Polarisationszustandes

Jede dieser Größen kann als statischer und dynamischer Fehler auftreten.

Die optische Weglänge L (Gleichung 2.6) ist die eigentliche Messgröße des Interferometers. Nach Zurücklegen des optischen Weges L besitzt das Licht eine Phase $\phi = \frac{2\pi L}{\lambda}$, die im Interferometer ausgewertet und zur Bildung des Messwertes genutzt wird. So wird die Änderung der

Distanz zwischen Messspiegel und Messkopf – genauer gesagt dem Ort der Teilung und Vereinigung von Mess- und Referenzstrahl – bestimmt.

Befindet sich ein Umlenkelement im Strahlengang, so kann sich diese Distanz durch Bewegung des Umlenkelementes ändern, ohne dass eine Bewegung des Messspiegels stattfindet. Eine Veränderung des geometrischen Weges oder eine Verschiebung der Materialanteile von Luft und beispielsweise Glas an diesem Weg würde zu einer Veränderung des Messwertes führen. Da diese nicht von der eigentlichen Messgröße unterscheidbar ist, wird sie einer Bewegung des Messspiegels zugeschrieben.

Ein **Parallelversatz des Strahls** beschreibt eine laterale Verschiebung unter Beibehaltung von Strahlrichtung und optischer Weglänge. Für ein einzelnes Planspiegelinterferometer ist diese Veränderung nicht relevant, da sie beim zweiten Durchlaufen des Umlenkelementes aufgehoben wird. Es entsteht kein Messfehler. Lediglich sekundäre Einflüsse wie die Oberflächentopographie des Messspiegels können indirekt zu Fehlern führen. Betrachtet man allerdings andere Arten und Anordnungen von Interferometern, ist diese Fehlergröße durchaus relevant.

Ein Interferometer, das einen Tripelspiegel bzw. ein Tripelprisma als Retroreflektor nutzt, ist zwar unempfindlich gegenüber Verkippungen des Reflektors, reagiert aber sehr sensitiv auf dessen laterale Verlagerungen. Ein Parallelversatz des Strahls würde in kinematischer Umkehr eine solche laterale Verlagerung darstellen und könnte beim zweiten Durchlauf vom Umlenkelement zusätzlich verstärkt werden. Dadurch würde der Strahl nicht mehr zum Interferometerkopf zurückkehren und das Signal wäre unterbrochen. Auch für Mehrkoordinatenmessungen wäre ein Parallelversatz des Strahls schädlich. Der Strahl würde aus dem gemeinsamen Schnittpunkt verschoben und das Abbe'sche Komparatorprinzip würde verletzt. Dadurch könnten Verkippungen des Messobjektes indirekt zu Messfehlern führen.

Unter **Winkelabweichungen** versteht man Richtungsänderungen des Interferometerstrahls. Sie führen zu einer Änderung der optischen Weglänge und einer lateralen Verschiebung des Strahlauftreffpunktes auf dem Retroreflektor. Die Folgen wären daher identisch mit den zuvor beschriebenen Fällen. Zusätzlich würde bei einem Planspiegelinterferometer der Winkelfehler des Strahls am Retroreflektor verdoppelt. Das kann dazu führen, dass der Strahl den Interferometerkopf beim Rücklauf nicht mehr erreicht und nicht ausgewertet werden kann, was einen Signalverlust bedeutet.

Der Polarisationszustand ist ebenso wie die Kohärenz eine wichtige Eigenschaft, die die Interferenzfähigkeit des Lichtes bestimmt. Zwei Lichtwellen können nur dann ein Interferenzmuster ausbilden (Amplitudenaddition), wenn sie die gleiche Polarisation aufweisen. Senkrecht zueinander polarisierte Wellen überlagern sich inkohärent (Intensitätsaddition). Die Polarisation einer Welle kann durch Linearkombination von zwei beliebigen, orthogonalen Komponenten beschrieben werden (siehe Kapitel 3.2). Daher ist eine teilkohärente Überlagerung (Mischung aus Amplituden- und Intensitätsaddition) möglich, wenn die Polarisationen der beiden interferierenden Wellen verschieden, aber nicht senkrecht zueinander sind. Die Polarisation der ersten Welle wird zerlegt in eine Komponente, die dem Polarisationszustand der zweiten Welle entspricht, und eine dazu senkrechte Komponente. Die identischen Komponenten können sich kohärent addieren, während der übrige Anteil inkohärent überlagert wird. Dadurch entsteht ein Interferenzbild mit verringertem Kontrast.

Die Anwesenheit eines Umlenkelementes im Strahlengang kann die Polarisation des Lichtes verändern, was einen statischen Fehler darstellt. Dadurch verringert sich der Kontrast des Messsignals, welches unterhalb einer gewissen Schwelle nicht mehr zuverlässig auswertbar ist. In vielen Fällen wird diese Schwelle in der Größenordnung von 50 bis 70% der maximalen Signalqualität angesetzt. Da jede Komponente des komplexen Amplitudenvektors $\hat{A}$ ihre eigene Phasenlage hat, kann zusätzlich durch die Polarisationsänderung eine Phasenverschiebung auf den Messstrahl aufgeprägt werden, die nicht von einer Veränderung der optischen Weglänge unterschieden werden kann. Die Änderung der Polarisation ist vom Einfallswinkel des Lichtes auf die reflektierenden und brechenden Flächen abhängig und kann sich daher durch Verlagerung des Umlenkelementes ändern. Eine solche Änderung der

Polarisation während der Messung stellt einen direkten Messfehler dar, da sie nicht von der Bewegung des Messspiegels unterscheidbar ist.

2.5 Zusammenfassung Kapitel 2

Dieser Abschnitt stellte die wichtigsten Grundlagen zur technischen Beschreibung von Licht und die grundlegende Funktionsweise von Interferometern zusammen, wie sie im Folgenden benötigt werden, um den Einfluss von Umlenkelementen zu diskutieren. Die realen Verhältnisse wurden dabei stark vereinfacht, sodass für die geometrischen Betrachtungen das Strahlenmodell des Lichtes genügt. Nur für die Untersuchung der Polarisation wird das Wellenmodell benötigt, wobei hier die Näherung durch eine ebene Welle verwendet wird. Ferner wurden die Randbedingungen und mögliche Fehlerquellen der interferometrischen Messung zusammengefasst und auf wichtige Funktionseigenschaften hingewiesen, die durch Umlenkelemente beeinflusst werden können.

3 Modelle

Um das Übertragungsverhalten von Umlenkelementen zu untersuchen, werden geometrische und numerische Modelle benötigt, die es erlauben, die Strahlengänge für Reflexion und Brechung anschaulich zu beschreiben und daraus Eigenschaften abzuleiten. Im Folgenden wird eine Reihe von Modellen vorgestellt sowie ihre Anwendungsbereiche und Aussagekraft diskutiert. Der zweite Teil dieses Kapitels widmet sich in gleicher Weise den Modellen zur Beschreibung der Polarisation, da diese von den geometrischen Modellen nicht erfasst wird.

3.1 Modelle zur Beschreibung von Strahlrichtung, Strahllage und Weglänge

Zur Betrachtung des Übertragungsverhaltens von Umlenkelementen gibt es verschiedene Modelle, die den Verlauf des Strahlengangs und dessen Eigenschaften unterschiedlich darstellen. Da die Bewegungen der Umlenkelemente in sechs Freiheiten (drei Translationen und drei Rotationen) möglich sind, genügen zweidimensionale Modelle zur vollständigen Beschreibung nicht und werden daher nicht näher betrachtet. Die übrigen Methoden zur dreidimensionalen Analyse des Verhaltens eines Umlenkelementes werden an dieser Stelle kurz beschrieben.

Die Rissmethode [FKN98, S. 10] stellt das Umlenkelement in Grund-, Auf- und Seitenriss dar. Der Strahlverlauf kann in jeder Ansicht konstruiert werden, wobei zwei der Ansichten für die Eindeutigkeit der Beschreibung ausreichend sind. Die dritte Ansicht ist redundant und dient lediglich der besseren Anschaulichkeit oder einfacheren Konstruktion. Abb. 3.1 zeigt ein Beispiel für ein Spiegelpaar und das gleichwertige Pentaprisma, das sich lediglich um den Glaskörper vom Spiegelpaar

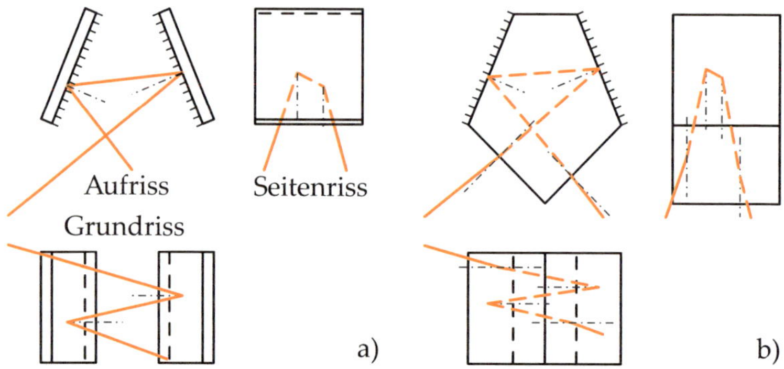

Abb. 3.1: Rissmethode zur Darstellung des Strahlverlaufs in a) einem Spiegelpaar bzw. b) einem Pentaprisma.

unterscheidet. Alle Abbildungen dieses Abschnitts zeigen dasselbe Beispiel, um eine Vergleichbarkeit zu gewährleisten.

Die Lesbarkeit der Rissmethode ist schwierig und verlangt vom Betrachter ausgeprägtes räumliches Vorstellungsvermögen. Die Informationen über den Strahlverlauf sind nur in Projektionen vorhanden und die wahren Werte der Winkel, insbesondere bei Brechung, können nicht direkt abgelesen werden. Damit ist die Rissmethode zur dreidimensionalen Beschreibung des Übertragungsverhaltens von Umlenkelementen wenig geeignet.

Die Aufpunktmethode nach Bischoff (Abb. 3.2) beschreibt die Strahlrichtung beim Durchlaufen eines Umlenkelementes. Dessen Ausdehnung wird dabei vollständig vernachlässigt. Die Methode stellt die Flächen des Umlenkelementes durch ihre Normalenvektoren dar, die in einen einzigen, gemeinsamen Punkt verschoben sind. Um diesen Punkt wird eine konzentrische Kugel mit dem Radius 1 gelegt. Auf der Oberfläche der Kugel verdeutlichen Punkte die Lichtrichtung der ein- und ausfallenden Strahlen, die ebenfalls durch den Kugelmittelpunkt gehen [Bis63][Bis66][Bis69].

Die Methode wird hauptsächlich für reflektierende Elemente verwendet und bedient sich des grafischen Reflexionsgesetzes. Die Richtung eines

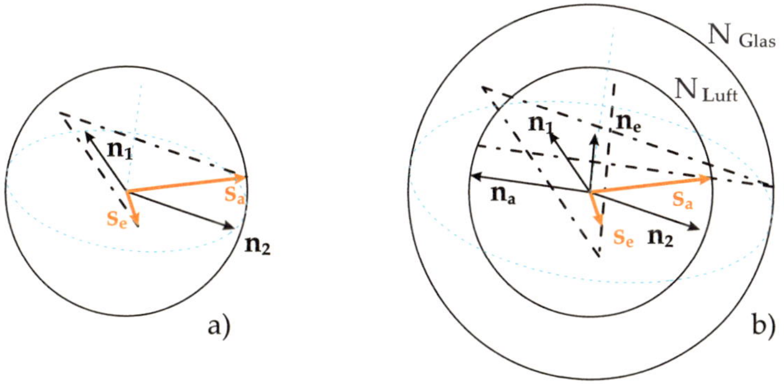

Abb. 3.2: Aufpunktmethode zur Darstellung des Strahlverlaufs in a) einem Spiegelpaar bzw. b) einem Pentaprisma.

einfallenden Lichtstrahls wird durch den Durchstoßpunkt der Spitze des ihn repräsentierenden Vektors mit der Einheitskugel verkörpert. Eine Reflexion wird durch eine Sehne modelliert, die parallel zum Lot der reflektierenden Fläche im Punkt des einfallenden Lichtstrahls durch die Einheitskugel gezogen wird. Der Punkt, an dem sie die Kugel ein zweites Mal schneidet, stellt den reflektierten Lichtstrahl dar. Dies kann für beliebig viele Reflexionen hintereinander ausgeführt werden. Zwischen dem ein- und ausfallenden Lichtstrahl ist der Ablenkwinkel direkt ablesbar. Auch Invarianzen lassen sich in dieser Darstellung leicht erkennen.

In dieser Arbeit wird eine Erweiterung um das grafische Brechungsgesetz [Sch69, S. 31] eingeführt, wodurch die Aufpunktmethode auch auf brechende Flächen angewendet werden kann. Dazu wird eine zweite Kugel um den zentralen Punkt gezogen, deren Radius zu dem der ersten Kugel im gleichen Verhältnis steht wie die Brechzahlen der beiden Medien zueinander. Wieder wird eine Sehne parallel zum Flächenlot vom Punkt des einfallenden Lichtstrahls gezogen, um die Richtung des gebrochenen Strahls zu bestimmen. Sie schneidet die Kugel, die das zweite Medium repräsentiert, im Allgemeinen in zwei Punkten. Von diesen ist derjenige zu wählen, der im selben Halbraum liegt wie der einfallende Strahl. Die Grenzfläche separiert hierbei die beiden Halbräume. Existiert kein Schnittpunkt mit der Kugel des zweiten Mediums, tritt Totalreflexion auf. Dies kann beim Übergang vom optisch dichten Medium (großer Kugelradius) zum optisch dünnen Medium (kleiner Kugelradius) bei großen Einfallswinkeln geschehen. In diesem Fall wird verfahren wie bei der Reflexion an einer spiegelnden Fläche.

Die Aufpunktmethode ist nur zur Untersuchung der Strahlrichtung verwendbar, da alle Ausdehnungen auf null reduziert sind. Für die Analyse der Winkel ist sie jedoch sehr einfach in der Nutzung und sehr anschaulich in der Darstellung. Aus Abb. 3.2 ist daher gut ersichtlich, dass die Richtung von Ein- und Ausfallstrahl im Spiegelsystem und im Pentaprisma identisch sind. Lediglich die nicht dargestellten Strahlen zwischen den Flächen haben eine abweichende Richtung.

Durch die Konstruktion mit Hilfe der Kugelsehnen, sind Zusammenhänge bei Rotation des Umlenkelementes einfach erkennbar. Bei Untersuchung des vollständigen Übertragungsverhaltens, das optische Weglänge und laterale Verschiebungen einschließt, muss zusätzlich auf andere Methoden zurückgegriffen werden.

In Anlehnung an die Aufpunktmethode erarbeitete M. Bauerschmidt in seiner Doktorarbeit [Bau65] eine Möglichkeit zur rechnerischen Bestimmung der Strahlwinkel, die hier **Quaternionenmethode** genannt werden soll. Eine Quaternion $\boldsymbol{Q}$ besteht aus vier Elementen und besitzt einen skalaren Realteil sowie einen Vektorteil aus drei Imaginärelementen [Kui99]. Sie kann zur Beschreibung von Rotationen im dreidimensionalen Raum genutzt werden, indem man sie in der Form

$$\boldsymbol{Q} = \cos(\frac{\beta}{2}) + \sin(\frac{\beta}{2}) \begin{bmatrix} v_1\, i \\ v_2\, j \\ v_3\, k \end{bmatrix} \tag{3.1}$$

notiert. Dabei ist β der Drehwinkel und v der Einheitsvektor der Drehachse, während i, j und k die imaginären Einheiten sind. Eine Reflexion wird als Drehung des Lichtvektors um die Flächennormale um 180° mit anschließender Richtungsumkehr interpretiert. Man erhält die Drehung eines Vektors $\boldsymbol{s}$, indem man ihn von rechts mit der Quaternion und von links mit ihrer Inversen multipliziert. Die Richtungsumkehr wird durch Multiplikation mit dem Faktor -1 erreicht:

$$s' = -1 \cdot Q^{-1} s Q \tag{3.2}$$

Für eine Folge von mehreren Spiegelflächen genügt die Multiplikation ihrer individuellen Quaternionen in der Reihenfolge, in der das Licht sie passiert. Das Ergebnis ist eine Gesamtquaternion des Systems, das den Einfallsstrahl direkt in den Ausfallstrahl überführen kann.

$$Q_{ges} = Q_N Q_{N-1} ... Q_2 Q_1 \tag{3.3}$$

$$s' = (-1)^N \cdot Q_{ges}^{-1} s Q_{ges} \tag{3.4}$$

Die Quaternionenmethode ist eine sehr elegante Möglichkeit, die Strahlrichtung durch ein System mehrerer Spiegelflächen zu verfolgen. Sie ist rechnerisch einfach und exakt, wenn auch wenig anschaulich. Sie ermöglicht das sehr einfache Auffinden von Drehinvarianzachsen von beliebig komplexen Spiegelsystemen durch die Ermittlung der Achse v der Gesamtquaternion. Wie die Aufpunktmethode vernachlässigt auch die Quaternionenmethode jegliche Ausdehnung des Systems. Sie ist daher nur für die Betrachtung der Strahlrichtung geeignet und muss zur Untersuchung von lateraler Strahlposition und optischer Weglänge um andere Methoden ergänzt werden.

Die Beschreibung des Winkelübertragungsverhaltens mit Hilfe von Quaternionen lässt sich in ähnlicher Weise auf refraktive Umlenkelemente anwenden. Bei einer Brechung steht die Drehachse der Einheitsquaternion senkrecht auf der Einfallsebene und kann durch das Kreuzprodukt aus einfallendem Lichtstrahl und Flächenlot ermittelt werden. Der Drehwinkel ist die Differenz aus Brechungs- und Einfallswinkel und damit ebenfalls vom einfallenden Lichtstrahl abhängig. Daraus lässt sich für jede Brechung eine Quaternion Q finden, die den Einfalls- in den Ausfallstrahl überführt:

$$Q = \frac{cos(\varepsilon_2 - \varepsilon_1)}{2} + \frac{sin(\varepsilon_2 - \varepsilon_1)}{2} \frac{s \times n}{|s \times n|} \tag{3.5}$$

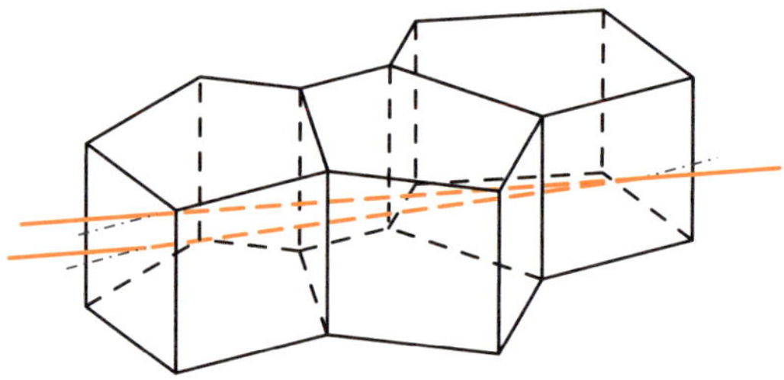

Abb. 3.3: Methode der Umwertung zur Darstellung des Strahlverlaufs in einem Pentaprisma. Die Darstellung enthält sowohl den gebrochenen Strahl als auch den ungebrochenen, der in dem gleichwertigen Winkelspiegel ohne Glaskörper im Strahlengang vorliegt.

Auch hier ergibt das Produkt der Quaternionen aufeinanderfolgender Brechungen eine Gesamtquaternion, die den (ersten) Einfallsstrahl in den (letzten) Ausfallstrahl überführt. Die daraus ablesbare Drehachse ist jedoch keine Drehinvarianzachse für das System, wie es bei Reflexionselementen der Fall ist. Durch die Abhängigkeit vom Einfallsstrahl ist die Berechnung der Strahlen zwischen den brechenden Flächen erforderlich, um die Quaternion für die jeweils folgende Fläche zu bestimmen. Daher ergibt sich kein Vorteil in der Anzahl der Rechenoperationen.

Die Methode der Umwertung [Kin83, S. 156][MM04] ist hauptsächlich für eine Kombination aus spiegelnden Flächen geeignet. Sie bedient sich der kinematischen Umkehr der Verhältnisse von Umlenkelement und Lichtstrahl. Anstatt den Lichtstrahl an jeder reflektierenden Fläche zu spiegeln, wird das Umlenkelement selbst an diesen Flächen gespiegelt. Dabei ist die Reihenfolge der Flächen zu beachten, wie sie der Lichtstrahl durchläuft. Auf diese Weise entsteht ein umgewertetes Umlenkelement, das der Lichtstrahl in einer geraden Linie durchdringt (Abb. 3.3). Dispersionsfreie Prismen, d.h. Prismen deren Ein- und Austrittsfläche in idealer Position senkrecht zum Strahl liegen, erscheinen in Ihrer Umwertung als planparallele Glasplatten. Bewegungen des Elementes bzw. Lichtstrahls sind mit dieser Methode besonders leicht und anschaulich analysierbar. Sie ist in der zweidimensionalen Ebene ebenso wie im dreidimensionalen Raum anwendbar und erlaubt die Betrachtung von Winkeländerungen und Parallelverschiebungen gleichermaßen. Auch optische Weglängenänderungen macht sie gut sichtbar. Bei der Untersuchung von Elementen, die brechende Flächen enthalten, weicht der Strahl allerdings von einer geraden Linie ab. Die einfallswinkelabhängige Brechung ist damit in der Umwertung weniger anschaulich.

Bei der **Vektormethode** werden die Lichtstrahlen als Vektoren repräsentiert, die durch ihren Startpunkt und die Richtung gekennzeichnet sind. Als Betrag wird häufig 1 oder der Brechungsindex des Mediums verwendet, in dem sich das Licht ausbreitet. Ebene Flächen werden durch ihre Normalenvektoren am Ort des Lichtauftreffpunktes dargestellt. Mit Hilfe des vektoriellen Brechungs- und Reflexionsgesetzes (Gleichungen 2.2 und 2.1) lässt sich der Strahlverlauf durch ein Umlenkelement bestimmen. Die Vektormethode ist daher die unmittelbare Umsetzung des Strahlenmodells des Lichtes (Kap. 2.1).

Diese Methode ist eine rein numerische ohne eine graphische Repräsentation und daher wenig anschaulich. Eine Darstellung kann bei Bedarf mit entsprechenden Hilfsmitteln wie Mathematik-Programmen am Computer erstellt werden. Durch die numerische Analyse des Strahlengangs besitzt die Vektorrepräsentation die höchste Präzision und ist für brechende und reflektierende Flächen gleichermaßen geeignet. Aus ihr lassen sich die Darstellungen aller zuvor beschriebenen Methoden ableiten.

Aufgrund der Allgemeingültigkeit und Flexibilität wird in dieser Arbeit die Vektorrepräsentation des Lichtes verwendet. Da das Verfahren auf numerischen Berechnungen beruht, lässt es sich problemlos innerhalb einer Mathematik-Software verwenden, um das Verhalten von Umlenkelementen zu simulieren. Graphische Darstellungen einer der obigen Methoden oder eine dreidimensionale Ansicht können ebenfalls von der Software erstellt werden. Im Rahmen dieser Dissertation wird dazu die Software Matlab von Mathworks genutzt. Wenn nicht anderweitig angegeben, sind alle simulierten Ergebnisse in dieser Arbeit mit Hilfe einer selbst entwickelten Prozedur in Matlab entstanden.

3.2 Modelle zur Beschreibung der Polarisation

Die oben beschriebenen Methoden sind zur Untersuchung der Strahllage in Winkel oder Lateralposition geeignet. Unter Einbeziehung der Strecken können einige auch zur Bestimmung der optischen Weglängenänderung genutzt werden. Keine von ihnen ist jedoch in der Lage, zusätzlich die Polarisation des Lichtes zu beschreiben (siehe Kap. 2.1). Dazu werden andere Methoden benötigt, die ohne Anspruch auf Vollständigkeit an dieser Stelle vorgestellt werden.

Die Polarisationsart ist definiert durch die Figur, die die Spitze des elektrischen Feldstärkevektors an einem festen Ort über die Zeit einer Schwingungsperiode beschreibt, wenn der Beobachter der Lichtausbreitungsrichtung entgegen schaut. Im allgemeinen Fall handelt es sich um eine Ellipse. Gerade und Kreis sind Spezialfälle, die als lineare bzw. zirkulare Polarisation bezeichnet werden. Zur vollständigen Beschreibung des Polarisationszustandes werden sechs verschiedene Angaben benötigt:

- Lage der Ellipsenebene im Raum (Koordinatensystem)
- Form der Ellipse
- Drehlage der Ellipse im Koordinatensystem
- Drehsinn der Ellipse
- Amplitude
- Absolute Phasenlage

Das Koordinatensystem wird bestimmt durch die Normale zur Ellipsenebene und eine in der Ebene willkürlich wählbare Bezugsrichtung. Für die Normale wird in der Literatur am häufigsten die Richtung des Poynting-Vektors

$$\boldsymbol{S} = \boldsymbol{E} \times \boldsymbol{H} \tag{3.6}$$

gewählt, der die Richtung des mittleren Energieflusses, d.h. die Ausbreitungsrichtung des Lichtes beschreibt [Haf03, S. 28]. Dieser steht immer senkrecht auf der Schwingungsrichtung des elektrischen Feldstärkevektors. Form, Drehlage und Drehsinn der Ellipse lassen sich auf

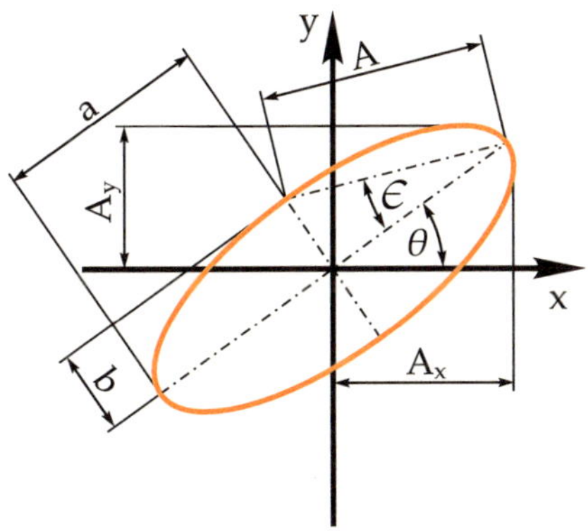

Abb. 3.4: Polarisationsellipse mit den beschreibenden Parametern: A - Amplitude mit ihren Komponenten A_x und A_y; a, b - große und kleine Halbachse; ϵ - Elliptizitätswinkel; θ - Azimutwinkel.

zwei unterschiedliche Arten beschreiben. Beide benötigen einen Satz von genau drei Parametern (Abb. 3.4) [AB89]:

A) Die Drehlage kann durch den Azimutwinkel $0^\circ \leq \theta < 180^\circ$ zwischen der großen Halbachse und der gewählten Bezugsachse im Koordinatensystem beschrieben werden. Die Form der Ellipse, auch Elliptizität oder Bauchigkeit genannt, wird durch einen weiteren Winkel $0^\circ \leq \epsilon \leq 45^\circ$ charakterisiert. Er wird zwischen der diagonalen Verbindung der beiden Halbachsenenden und der großen Halbachse gemessen. Häufig wird auch $0 \leq \tan(\epsilon) \leq 1$, also das Verhältnis der kleinen zur großen Halbachse angegeben. Der Drehsinn der Ellipse wird durch einen Faktor von -1 für linkshändig und +1 für rechtshändig charakterisiert. Dieser wird oft mit ϵ bzw. $\tan(\epsilon)$ multipliziert.

B) Eine zweite Darstellungsart verwendet Basisvektoren. Die Bestimmung von Drehlage, Form und Drehsinn der Ellipse erfolgt über die Angabe von zwei Amplitudenfaktoren (z.B. A_x und A_y in Abb. 3.4), von denen jeder mit einem der Basisvektoren multipliziert wird. Zusätzlich wird ein relativer Phasenwinkel $\Delta\phi$

zwischen den beiden Basisvektoren benötigt, der in Abb. 3.4 nicht darstellbar ist. Als Basisvektoren kann jedes Paar verschiedener Polarisationen dienen. Bevorzugt werden jedoch Paare aus zueinander senkrechten Vektoren. Diese können komplex sein und daher jede Art von Polarisationsformen darstellen. Am häufigsten werden die horizontale und vertikale lineare Polarisation als Basisvektoren verwendet. Aber auch links- und rechtszirkulare Polarisation bilden ein Paar orthogonaler Basisvektoren. Zwei Polarisationen stehen senkrecht zueinander, wenn sie folgende Bedingung erfüllen:

$$\hat{A}_1^\dagger \hat{A}_2 = \hat{A}_2^\dagger \hat{A}_1. \tag{3.7}$$

Der Operator † bezeichnet hierbei die Adjungierte, d.h. den komplex konjugierten und transponierten Vektor zu $\boldsymbol{A}$. Zu einer allgemeinen elliptischen Polarisation findet man die Senkrechte durch Umkehr des Drehsinns und Drehung der großen Halbachse um 90° unter Beibehaltung der Elliptizität. Es ist zweckdienlich, das Paar von Basisvektoren derart zu normieren, dass ihr Betrag

$$|\hat{A}| = \hat{A}^\dagger \hat{A} = 1 \tag{3.8}$$

ist. Man spricht dann von orthonormalen Basisvektoren. Sollten sich die Quadrate der beiden Faktoren, mit denen die Basisvektoren multipliziert werden, nicht zu 1 ergänzen, so ist in ihnen ein gemeinsamer Faktor enthalten, der die skalare Amplitude A der Welle repräsentiert.

Die Amplitude ist ein Faktor, der die Stärke der Schwingung und damit den Durchmesser der Ellipse repräsentiert. Sie ist ablesbar in der Länge der Diagonale zwischen den Endpunkten der großen und kleinen Halbachse (Abb. 3.4).

Die absolute Phasenlage ist ein Phasenwinkel ϕ, der auf alle Komponenten der Polarisation gleichermaßen aufgeschlagen wird. Sie stellt den Startpunkt des elektrischen Feldstärkevektors auf der Ellipsenbahn zum Zeitpunkt $t = 0$ dar. Häufig wird sie als Exponent in der komplexen Amplitude angegeben (siehe Kap. 2.1).

Die am weitesten verbreiteten Beschreibungsformen für den Polarisationszustand des Lichtes sind:

- Schwingungsellipse
- Jones-Formalismus
- Stokes-Vektoren und Müller-Matrizen
- Komplexe Ebene
- Poincaré-Kugel

Die Weiterentwicklung der Ellipsenparameter wie unter B) beschrieben führt zum **Jones-Formalismus** [ST07, S. 203] [Ker07], benannt nach dem amerikanischen Physiker Robert Clark Jones (1916 - 2004). Die beiden Faktoren werden als komplexe Zahlen in einem Spaltenvektor zusammengefasst. Jeder Faktor enthält die Angabe einer Amplitude und eines Phasenwinkels für den zugehörigen Basisvektor. Es lässt sich eine komplexe Zahl bestehend aus Amplitude und absolutem Phasenwinkel ausklammern, wenn man den Betrag des Jones-Vektors auf 1 normiert und die Phase eines der beiden Faktoren auf 0 bringt. Somit enthält der Jones-Vektor vier der notwendigen sechs Informationen zur vollständigen Beschreibung der Ellipse. Die fehlenden zwei sind die Lage des Koordinatensystems und die gewählten Basisvektoren. Außerdem ist in dieser Form nur vollständig polarisiertes Licht beschreibbar.

Berechnungen zur Beeinflussung der Polarisation können sehr einfach formuliert werden. Eine Veränderung des Koordinatensystems wird durch eine Multiplikation mit einer Transformationsmatrix beschrieben, während die Interaktion mit Flächen oder Elementen, die die Polarisation verändern, durch Multiplikation mit der sogenannten Jones-Matrix des jeweiligen Elementes berechnet werden. Eine Folge von solchen Elementen kann durch Multiplikation der Jones-Matrizen in der Reihenfolge der Lage im Strahlengang modelliert werden.

Der größte Nachteil des Jones-Formalismus ist das Fehlen der zwei Informationen zur Wahl des Koordinatensystems und der Basisvektoren. Dies kann jedoch in einer Verallgemeinerung und Erweiterung auf eine dritte Dimension kompensiert werden. Diese Methode wurde von Garam Yun vorgestellt [Yun11][YCC11]. Die Basisvektoren zur

Beschreibung der Polarisation werden als die drei (linearen) Achsen eines globalen Koordinatensystems aufgefasst. Die Vektoren besitzen demnach drei komplexe Elemente. Ihre Summe ergibt eine Polarisationsellipse in allgemeiner Lage in einer Ebene im Raum. Daraus lässt sich auch die dazu senkrechte Richtung des Poynting-Vektors bis auf die Ambiguität des Vorzeichens bestimmen.

Die Matrizen zur Koordinatentransformation bzw. Beeinflussung der Polarisation durch ein Element sind in diesem Modell von der Größe 3x3. Wird das globale Koordinatensystem so gewählt, dass die z-Achse mit der Richtung des Poynting-Vektors zusammenfällt, haben sie die Form der Jones-Matrizen mit einer dritten Zeile und Spalte, deren Elemente 0 sind.

Die **Stokes-Vektoren** [BW05, S. 32] besitzen im Gegensatz zu den Jones-Vektoren vier Elemente und sind damit auch in der Lage, teilpolarisiertes Licht zu beschreiben. Die Elemente repräsentieren der Reihe nach die Gesamtintensität des Lichtes, die Differenz aus horizontaler und vertikaler linearer Intensitätskomponente, die Differenz der beiden diagonalen linearen Intensitätskomponenten sowie die Differenz aus rechts- und linkszirkularer Intensitätskomponente:

$$\mathbf{S}_t = \begin{bmatrix} S_{t0} \\ S_{t1} \\ S_{t2} \\ S_{t3} \end{bmatrix} = \begin{bmatrix} I_{ges} \\ I_{0^\circ} - I_{90^\circ} \\ I_{45^\circ} - I_{135^\circ} \\ I_R - I_L \end{bmatrix} = \begin{bmatrix} I_{ges} \\ I_{pol}\cos(2\theta)\cos(\epsilon) \\ I_{pol}\sin(2\theta)\cos(\epsilon) \\ I_{pol}\sin(\epsilon) \end{bmatrix} \tag{3.9}$$

Die zugehörigen Transformationsmatrizen, auch Müller-Matrizen genannt, haben daher das Format 4x4. Dieser Stokes-Müller-Formalismus ist jedoch weniger verbreitet, weil er weniger anschaulich ist. Durch die Verwendung von intensitätsbasierten Größen ist er aber auf Messwerte leichter anwendbar, da hier keine Umrechnung erforderlich ist. Für die Beschreibung von vollständig polarisiertem Licht wird im Allgemeinen der Jones-Formalismus bevorzugt.

Eine graphisch sehr anschauliche Beschreibungsform der Polarisation ist die **Poincaré-Kugel** [AB89]. Es handelt sich dabei um eine Kugel,

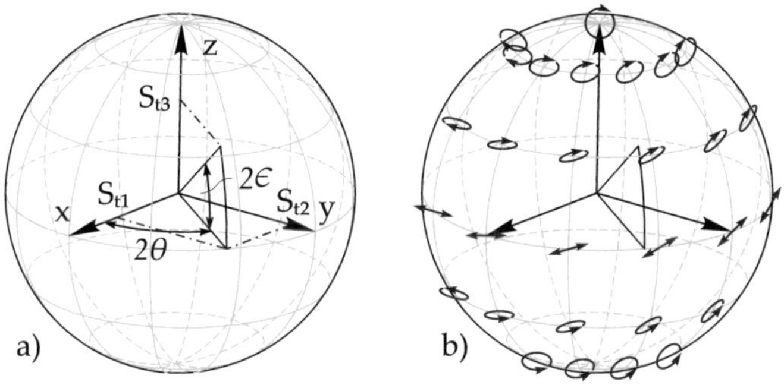

Abb. 3.5: Poincaré-Kugel. a) Zusammenhang zwischen der Position eines Polarisationszustandes auf der Poincaré-Kugel, den Stokes-Parametern sowie Azimut- und Elliptizitätswinkel b) Übersicht über die Anordnung von Polarisationszuständen auf der Poincaré-Kugel

auf der wie auf einem Globus jeder mögliche Polarisationszustand aufgetragen ist. Der Radius der Kugel wird häufig zu 1 gewählt, kann aber auch wahlweise den Polarisationsgrad oder seltener bei vollständig polarisiertem Licht die Intensität repräsentieren. Am Äquator werden die linearen Polarisationszustände mit wachsendem Azimutwinkel aufgetragen. Senkrecht zueinander stehende Polarisationszustände liegen sich auf der Poincaré-Kugel diagonal gegenüber. So sind horizontale und vertikale lineare Polarisation auf zwei entgegengesetzten Punkten des Äquators zu finden. Mit wachsender Höhe wächst auch die Elliptizität bis sie am nördlichen Pol den Wert 1 bzw. 45° (rechtszirkulare Polarisation) und am südlichen Pol den Wert -1 bzw. -45° (linkszirkulare Polarisation) erreicht. In einigen Literaturstellen ist die Besetzung der Nord- und Südhalbkugel im Vorzeichen vertauscht. Es ist daher stets darauf zu achten, welches Vorzeichen und welchen Pol die Quelle für links- bzw. rechtszirkulare Polarisation verwendet. Abb. 3.5b ist eine perspektivische Darstellung der Poincaré-Kugel. In regelmäßigen Abständen sind die zugehörigen Polarisationszustände auf der Kugel abgetragen.

Die zuvor beschriebenen Stokes-Vektoren finden hier eine anschauliche Repräsentation, da die Komponenten S_{t1} bis S_{t3} den kartesischen Koordinaten des zugehörigen Punktes auf der Poincaré-Kugel entsprechen [Bas10][BW05] (Abb. 3.5a).

Durch stereografische Projektion gelangt man von der Poincaré-Kugel zur Repräsentation in der **komplexen Ebene**. Dabei berührt ein Punkt der Kugel (z.B. der Punkt am Äquator mit horizontaler Polarisation) die Ebene in ihrem Koordinatenursprung, während der gegenüberliegende Punkt das Projektionszentrum bildet. Jeder Strahl, der vom Projektionszentrum ins Innere der Kugel gerichtet ist, schneidet sowohl die Kugel als auch die Ebene in genau einem Punkt und ermöglicht so eine eineindeutige Zuordnung. Mathematisch formuliert ergibt sich eine komplexe Zahl χ, die den Polarisationszustand repräsentiert [AB89].

$$\chi = \frac{E_x}{E_y} = \frac{|E_x|}{|E_x|} e^{j(\phi_x - \phi_y)} = \frac{\tan(\theta) + j\tan(\epsilon)}{1 - j\tan(\theta)\tan(\epsilon)} \tag{3.10}$$

Die Eigenschaften dieser Repräsentation werden von Azzam und Bashara in [AB89] ausführlich beschrieben, jedoch hier nicht weiter verwendet.

3.3 Zusammenfassung Kapitel 3

Das vorangehende Kapitel umfasst im ersten Teil geometrische und im zweiten Teil Polarisationsmodelle zur Beschreibung der Auswirkungen von Umlenkelementen im interferometrischen Strahlengang. Dabei wurden in dieser Arbeit die Aufpunktmethode und die Quaternionenmethode erweitert, um sie auch auf brechende Flächen anwenden zu können. Die geometrischen Modelle erlauben eine anschauliche Darstellung und Untersuchung des Strahlverlaufs im Umlenkelement, wobei jedes seine Vor- und Nachteile hat und daher für verschiedene Zwecke unterschiedlich gut geeignet ist. Für die numerischen Simulationen im Rahmen dieser Arbeit wurde das Vektormodell in Form eines hierfür entwickelten Matlab-Codes verwendet, während zur Verdeutlichung von Invarianzachsen die Aufpunktmethode Verwendung fand. Zur

Beschreibung der Polarisation wurden im zweiten Teil des Kapitels andere Modelle vorgestellt, da diese von den geometrischen Modellen nicht erfasst wird. Da das Licht des Interferometerstrahls in guter Näherung als vollständig polarisiert aufgefasst werden kann, bietet der Jones-Formalismus eine einfache und gut mit dem Vektormodell vereinbare Handhabung der Polarisationsberechnungen. Er wird daher für alle weiteren Betrachtungen verwendet. Mit diesem mathematischen Rüstzeug werden im Folgenden die Eigenschaften der Umlenkelemente genauer untersucht.

4 Arten von Umlenkelementen

Es gibt eine große Menge von Umlenkelementen, die für verschiedene Zwecke verwendet werden. Oft existieren mehrere Elemente, die die gleiche Grundfunktion erfüllen können. Einige Beispiele werden im Folgenden vorgestellt. Um einen besseren Überblick zu schaffen, werden sie nach ihrem Wirkprinzip in verallgemeinerte Gruppen eingeteilt und nach gemeinsamen Eigenschaften genauer kategorisiert. Die anhand von geometrischen Gemeinsamkeiten gebildeten Gruppen weisen darüber hinaus ähnliches Übertragungsverhalten auf. Insbesondere wird die Empfindlichkeit gegenüber Verlagerungen untersucht und die Lage von speziellen Invarianzachsen herausgestellt und diskutiert.

Die Einteilung von Strahlumlenkelementen erfolgt zunächst nach dem physikalischen Wirkprinzip. Die nutzbaren Effekte, die einen Strahl in seiner Ausbreitungsrichtung beeinflussen können, sind

- Reflexion
- Brechung/Refraktion
- Beugung

Auf jedem dieser Effekte basierend sind Umlenkelemente denkbar. Ebenso existieren Mischelemente, die mehrere der genannten Wirkrpinzipe nutzen. In dieser Arbeit wird eine Einschränkung auf die ersten beiden Arten vorgenommen.

4.1 Reflektierende Umlenkelemente

Reflektierenden Elemente basieren auf der Reflexion des Lichtes an metallisch oder dielektrisch verspiegelten Flächen bzw. auf Totalreflexion. Da Strahlformung durch Reflexion in dieser Arbeit nicht betrachtet wer-

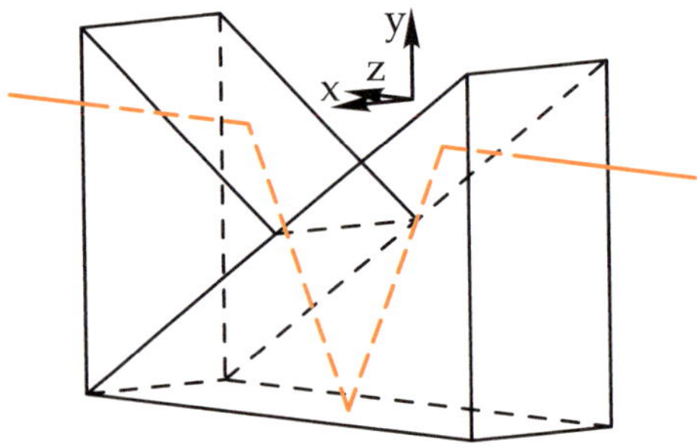

Abb. 4.1: Abbe-König-Prisma

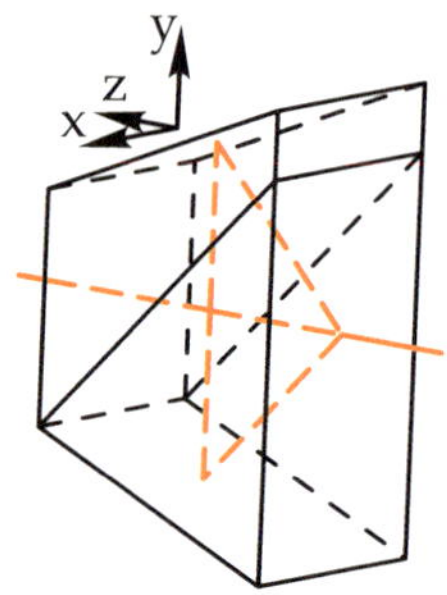

Abb. 4.2: Schmidt-Pechan-Prisma

den soll, handelt es sich also um Planspiegel, Prismen sowie Systeme aus mehreren solcher Elemente. Sie sind die größte Gruppe von Umlenkelementen. Es existieren viele verschiedene Arten, die oft nach ihrem Erfinder benannt sind (z.B. Abbe-König-Prisma, Abb. 4.1 oder Schmidt-Pechan-Prisma, Abb. 4.2). Verschiedene Beispiele finden sich in [Yod06], [NS14], [ST74], [Kin83], [MM04] oder [PP93]. Sie sind weit verbreitet und ihre Eigenschaften gut untersucht. Es gibt verschiedene Übersichten, die sie in Gruppen und Kategorien einteilen [Bau65][Fra74][Boc86], z.B. nach der Anzahl ihrer Reflexionen.

Da das Hauptanwendungsgebiet die abbildenden optischen Systeme sind, sind die reflektierenden Umlenkelemente hauptsächlich dahingehend untersucht, wie sie die Abbildung verändern. Dazu gehören Eigenschaften wie Bilddrehung, Bildumkehr [Bis62] oder Strahlrichtungsänderung [Bis63]. Für den Einsatz in interferometrischen Längenmesssystemen sind allerdings andere Eigenschaften von Bedeutung. Während die Bildlage für einen Laserstrahl keine Rolle spielt, ist die optische Weglänge durch das Umlenkelement essentiell für das Messergebnis. Vor diesem Hintergrund ist eine Neueinteilung sinnvoll, die das Übertragungsverhalten von Spiegelsystemen für interferometrische Messstrahlen berücksichtigt. Eine solche Einteilung wird in dieser Arbeit vorgenommen und die gemeinsamen Eigenschaften der verschiedenen Gruppen herausgestellt. Alle reflektierenden Umlenkelemente werden hier zunächst nur in ihrer Version als Spiegelsysteme ohne

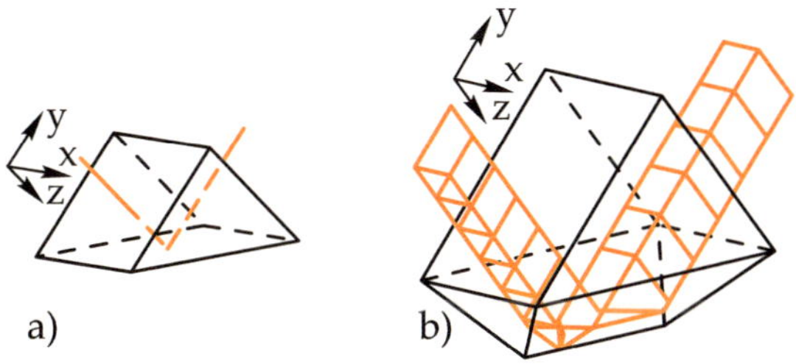

Abb. 4.3: Vergleich von zwei Halbwürfelprismen mit einer Reflexion: a) ohne Dachkante und b) mit Dachkante zur Umkehr des Bildes in horizontaler Richtung. Beide Prismen sind im selben Maßstab dargestellt und für denselben Bündeldurchmesser ausgelegt.

Glaskörper in Strahlengang betrachtet. Für viele ist eine Herstellung als monolithisches Prisma möglich und sinnvoll zur Vereinfachung der Fertigung und Verbesserung der Präzision. Einflüsse des Glaskörpers werden im Anschluss gesondert untersucht (Abschnitt 4.1.9).

4.1.1 Dachkanten

Prismen und Spiegelsysteme in Abbildungsstrahlengängen enthalten häufig sogenannte Dachkanten oder Dachflächen. Dabei handelt es sich um ein Spiegelpaar, das einen 90°-Winkel zueinander einschließt, und eine beliebige Spiegelfläche eines Spiegelsystems oder Prismas ersetzen kann [NS14, S. 153]. Die Bezeichnung als Dachkante leitet sich allerdings nicht aus der Geometrie, sondern der Funktion des Flächenpaares ab. Eine Dachkante dient der Bildumkehr in einer Dimension. Je nach Lage der Dachkante kann also ein Bild höhen- oder seitenrichtig bzw. -verkehrt gewendet werden. Dazu wird das Strahlenbündel mittig über die Dachflächen gelenkt, sodass eine Hälfte der Strahlen zuerst die linke und danach die rechte Fläche passiert, während die andere Hälfte die Flächen in umgekehrter Reihenfolge durchläuft. Die gemeinsame Ebene beider Spiegelnormalen steht senkrecht zur Einfallsebene der ersetzten Spiegelfläche.

Abb. 4.3a zeigt ein normales Halbwürfelprisma mit einer Reflexion, während Abb. 4.3b das gleiche Prisma mit einer Dachkante darstellt. Beide sind im gleichen Maßstab abgebildet. Ein Prisma mit einer Dachkante muss im Vergleich zur normalen Ausführung größere Abmessungen haben, um denselben Bündeldurchmesser nutzen zu können.

Für einen Laserstrahl ist die Nutzung von Dachflächen nicht sinnvoll, da seine Drehlage irrelevant ist. Es ist zudem zu vermeiden, den Strahl auf Kanten zwischen den Spiegelflächen zu lenken, da diese die Wellenfront stören können. Zudem können Doppelbilder bei nicht exakt senkrechten Dachflächen entstehen, die sich beim Laserstrahl ebenfalls auf die Wellenfront auswirken und das Interferenzbild verschlechtern. Daher werden in dieser Arbeit sämtliche Prismen stets in ihrer Form ohne Dachkante vorgestellt. Bei senkrechten Spiegelflächen wird stets ein serielles Durchlaufen vorausgesetzt, womit ein Dachflächenpaar als zwei einzelne Spiegelflächen gezählt wird. Damit verändert sich die Anzahl der Reflexionen und das Prisma bzw. Spiegelsystem erhält einen anderen Charakter.

4.1.2 Kategorisierung reflektierender Umlenkelemente

Wie in [JTE11] veröffentlicht, ist es zunächst sinnvoll, die Einteilung der Spiegelsysteme nach der Anzahl der Reflexionen beizubehalten. Dabei wird unterschieden zwischen Systemen mit gerader oder ungerader Anzahl an Reflexionen, da diese Gruppen grundlegend unterschiedliche Eigenschaften besitzen (siehe Abschnitt 4.1.4 bis 4.1.7). Weiterhin wird für jede der beiden Gruppen ein Basiselement eingeführt, das die Umlenkung mit der kleinstmöglichen Anzahl an Reflexionen bewirkt. Für die Gruppe der ungeraden Anzahl von Reflexionen ist dies der Einzelspiegel mit einer einzigen Reflexion und für die Gruppe der geraden Anzahl von Reflexionen stellt der Winkelspiegel mit zwei Reflexionen das Basiselement dar.

Jedes Spiegelsystem höherer Ordnung kann man sich nun aufgebaut aus einer bestimmten Anzahl von Winkelspiegeln und dem Basiselement der jeweiligen Klasse denken. Als Beispiel soll ein Schmidt-Pechan-

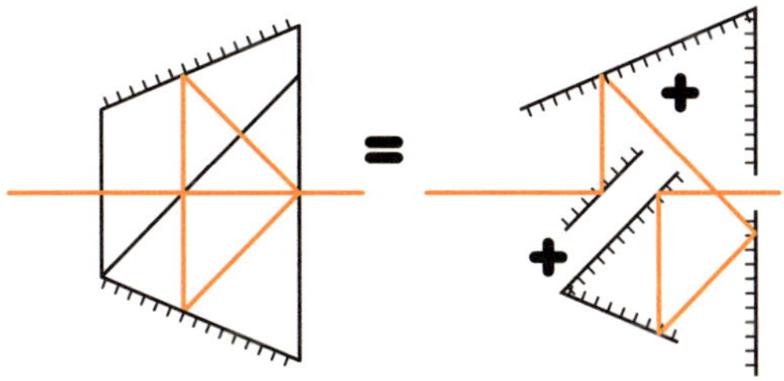

Abb. 4.4: Beispiel für die gedankliche Zerlegung eines Reflexionsprismas höherer Ordnung in seine Grundelemente: Das Schmidt-Pechan-Prisma hat fünf Reflexionen und kann daher zusammengesetzt aus zwei Winkelspiegeln und einem Einzelspiegel (Basiselement) aufgefasst werden.

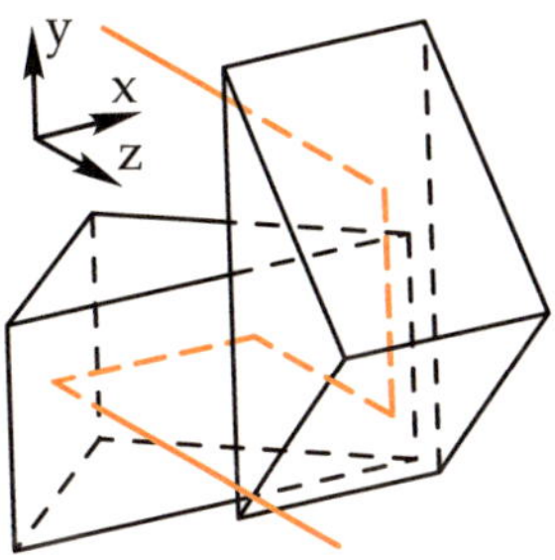

Abb. 4.5: Porro-Prismensatz 1. Art

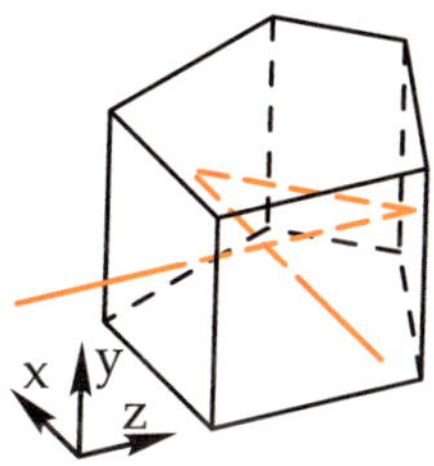

Abb. 4.6: Penta-Prisma

Prisma dienen (Abb. 4.4, links). Es dient zur Faltung des Strahlengangs bei koaxialem Ein- und Ausfallsstrahl und gleichzeitiger Aufrichtung des Bildes (Bildumkehr in einer Achse). Es besitzt fünf spiegelnde Flächen und ist aus zwei Glaskörpern zusammengesetzt (ein 45° Bauernfeind-Prisma und ein Schmidt-Prisma). Vernachlässigt man den Glaskörper und separiert die Spiegelflächen, so erhält man zwei Winkelspiegel und einen Einzelspiegel, der in diesem Fall das Basiselement ist (Abb. 4.4, rechts). Ohne Beschränkung der Allgemeinheit soll hier stets die erste Fläche bzw. das erste Flächenpaar als Basiselement angenommen werden.

Tab. 4.1: Kategorisierung reflektierender Umlenkelemente mit Beispielen für jede Gruppe

gerade Zahl von Reflexionen			ungerade Zahl von Reflexionen		
Basiselement	Elemente höherer Ordnung		Basiselement	Elemente höherer Ordnung	
	Anordnung			Anordnung	
Winkelspiegel	komplanar	nicht-komplanar	Einzelspiegel	komplanar	nicht-komplanar
Pentaprisma	zwei Spiegeltreppen	Porro-Prisma 1. Art	Halbwürfelprisma	Schmidt-Pechan-Prisma	Tripelprisma
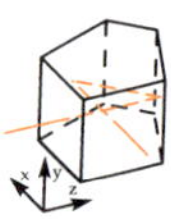	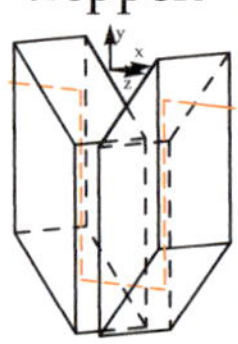	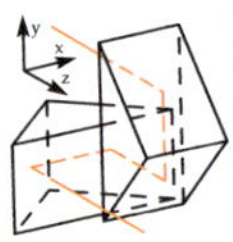	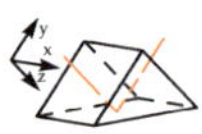	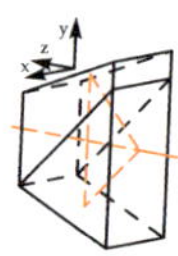	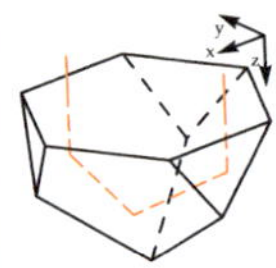

Für den Aufbau von Elementen höherer Ordnung aus den Grundelementen gibt es zwei Möglichkeiten. In einem komplanaren System liegen die Normalen aller Spiegelflächen in einer Ebene. Ein Lichtstrahl, der in dieser Ebene – dem sogenannten Hauptschnitt – in das System einfällt, kann diese auch durch die Umlenkung nicht verlassen. Das zuvor erwähnte Schmidt-Pechan-Prisma (Abb. 4.2) gehört beispielsweise in diese Gruppe. Dem gegenüber stehen die nicht-komplanaren Systeme, deren Spiegelnormalen beliebig zueinander angeordnet sein können. Der Porro-Prismensatz erster Art ist ein Vertreter dieser Kategorie für die Gruppe mit einer geraden Anzahl an Reflexionen (Abb. 4.5). Mit diesen Systemen können beliebige räumliche Ablenkungen erreicht werden. Tabelle 4.1 zeigt eine Übersicht der Kategorien reflektierender Umlenkelemente mit jeweils einem Vertreter der Gruppe.

Die vorgenommene Einteilung lässt sich anhand von gemeinsamen Eigenschaften begründen. Die geometrischen Gemeinsamkeiten bewirken ein (zumindest qualitativ) einheitliches Übertragungsverhalten. Besonders interessant für die Vermeidung von Messfehlern durch Verlagerungen des Elementes sind Invarianzeigenschaften. Am Beispiel des weit bekannten Penta-Prismas (Abb. 4.6) wird dies deutlich. Wird das Penta-Prisma um eine Achse senkrecht zum Hauptschnitt gedreht, so verändert sich die Richtung des Ausfallstrahls nicht. Dies bezieht sich nur auf die Winkellage des Ausfallstrahls, ein Parallelversatz kann dennoch auftreten. Man bezeichnet also alle Achsen senkrecht zum Hauptschnitt als Invarianzachsen gegenüber Drehung bezüglich der Richtung des Ausfallstrahls. Andere Drehachsen hingegen bewirken eine Veränderung der Strahlrichtung und werden daher als sensitiv bezeichnet. Die Kenntnis über Invarianzachsen eines Systems erlaubt es, durch geschickte Konstruktion die Präzision von Geräten zu verbessern und den Montage- und Justageaufwand zu verringern. Daher ist die Kenntnis dieser Achsen von großer Bedeutung. Im Folgenden werden die verschiedenen Gruppen von Spiegelsystemen auf die Existenz und Lage solcher Achsen untersucht.

4.1.3 Generelles Übertragungsverhalten von reflektierenden Umlenkelementen

Bei Translation der hier betrachteten Spiegelsysteme oder Reflexionsprismen (und auch der im Abschnitt 4.2 untersuchten refraktiven Umlenkelemente) kann sich die Strahlrichtung nicht verändern, da es sich bei allen Funktionsflächen um ebene Flächen handelt. Abweichungen können nur bei lateraler Strahlposition und optischer Weglänge auftreten. Beide hängen linear vom Betrag der Verschiebung ab.

Für Rotationen der Elemente ist primär die Beeinflussung der Strahlrichtung interessant. Da eine Winkeländerung im System auch stets eine Verlagerung des Strahlauftreffpunktes auf dem Retroreflektor sowie eine optische Weglängenänderung bedeutet, werden diese darüber hinaus nicht betrachtet. Sie sind in einem sensitiven Fall Sekundäreffekte. Falls eine Drehinvarianzachse für die Strahlrichtung existiert, ist zusätzlich zu untersuchen, wie sich der Parallelversatz und die optische Weglänge bei Rotation des Elementes verhalten. Die Lage der Rotationsachse im Raum kann bei einigen Elementen genutzt werden, um diese Fehler weiter zu reduzieren.

4.1.4 Invarianzachsen des Einzelspiegels

Der Einzelspiegel als Basiselement der Gruppe ungerader Anzahl von Reflexionen weist einige spezielle Invarianzen auf. Er besitzt eine Invarianzachse gegenüber Drehungen, sowie eine Invarianzebene gegenüber Translation. Diese Eigenschaften sind im Wesentlichen bekannt. Dreht man einen Spiegel um seine Flächennormale, verändert man die Lage des Ausfallstrahls nicht (Abb. 4.7a). Auch die laterale Strahlposition und die optische Weglänge bleiben unverändert. Eine Verschiebung des Elements in der Ebene der Spiegeloberfläche bleibt genauso folgenlos für den abgelenkten Strahl. Eine Drehung bzw. Verlagerung bezüglich aller anderen Achsen stellt jedoch eine sensitive Bewegung dar und wird sich auf Winkel- oder laterale Lage des Strahls ebenso wie auf die optische Weglänge auswirken.

4.1.5 Invarianzachsen von höherwertigen komplanaren Systemen mit ungerader Anzahl von Reflexionen

Komplanare Spiegelsysteme mit ungerader Anzahl an Reflexionen (Abb. 4.8a) besitzen drei, fünf, sieben usw., insgesamt $2i + 1$ Spiegelflächen, deren Flächenlote alle in einer Ebene, dem Hauptschnitt, liegen. Die Winkel zwischen den benachbarten Flächen j und $j + 1$ sollen mit α_j bezeichnet werden. Der Einfallswinkel des Lichtes auf die j-te Spiegelfläche wird ε_j, seine Projektion auf den Hauptschnitt ε'_j genannt. Die Translation wird durch den Vektor w unter dem Winkel γ zur ersten Spiegelfläche SP_1 in der Ebene des Hauptschnitts beschrieben. Verschiebungsrichtungen, die nicht in dieser Ebene liegen, werden in eine parallele und eine senkrechte Komponente zum Hauptschnitt zerlegt, wobei die senkrechte Bewegungskomponente keinen Einfluss auf die

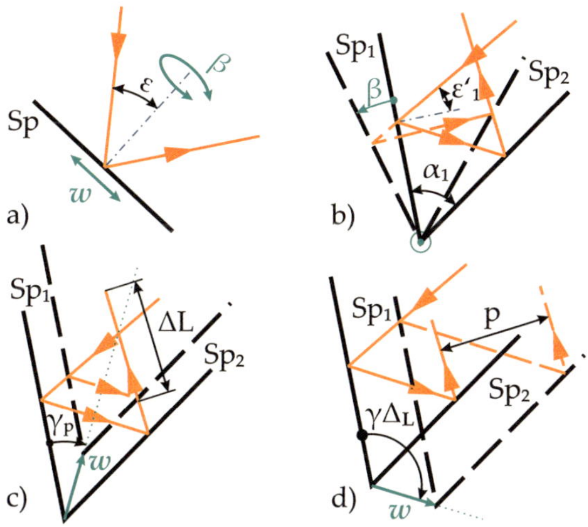

Abb. 4.7: Invarianzachsen der Basiselemente für Rotation und Translation bezüglich Strahlrichtung, Parallelversatz und optischer Weglänge: a) Einzelspiegel b) - d) Winkelspiegel.

Übertragungseigenschaften hat, solange der Strahl die Spiegelflächen nicht verfehlt. Es lässt sich zeigen (siehe Anhang Kapitel A), dass bei Translationen unter einem Winkel von

$$\gamma = -\sum_{j=1}^{i} \alpha_{2j} \tag{4.1}$$

zur ersten Spiegelfläche sowohl der Parallelversatz des Ausfallstrahls als auch seine optische Weglängenänderung verschwinden. Die Richtung senkrecht zum Hauptschnitt erweitert dies zu einer Invarianzebene.

Die Lage der Invarianzebene ist unabhängig vom Einfallwinkel ε_j und wird lediglich durch die Winkel zwischen den Spiegeln bestimmt. Dabei spielen nur die Winkel eine Rolle, die zwischen einer Spiegelfläche mit einer geraden und der nachfolgenden ungeraden Nummer liegen. Dies bekräftigt die Modellbildung, dass derartige Systeme aus einer

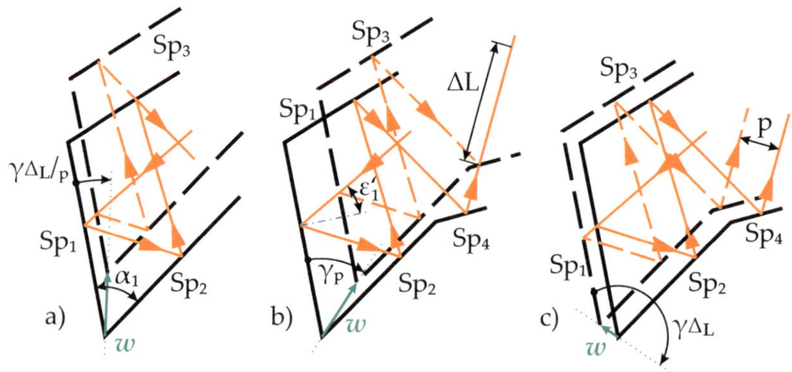

Abb. 4.8: Invarianzachsen für Translation von höherwertigen, komplanaren Spiegelsystemen a) mit ungerader Anzahl von Reflexionen und b) - c) mit gerader Anzahl von Reflexionen.

beliebigen Anzahl von Winkelspiegeln mit einem Einzelspiegel als Basiselement aufgebaut sind. Die entscheidenden Winkel sind diejenigen innerhalb der Basiswinkelspiegel, während die Anordnung dieser Basiselemente zueinander nicht von Bedeutung ist. Betrachtet man den Einzelspiegel als Element mit $i = 0$ und definiert $\alpha_0 = 0^\circ$, so gilt obige Beziehung auch für das Basiselement der Klasse.

Die komplanaren Spiegelsysteme mit ungerader Reflexionsanzahl besitzen ebenso eine Invarianzachse gegenüber Rotation, die die Winkellage des Ausfallstrahls unverändert lässt. Sie liegt in der Hauptschnittebene und steht senkrecht auf der Winkelhalbierenden zwischen Ein- und Ausfallstrahl. Diese Beschreibung schließt auch den Einzelspiegel ein, wenngleich sie sich hierfür als Spiegellot einfacher formulieren lässt. Die Lage der Drehachse im Raum spielt im Gegensatz zur Gruppe gerader Reflexionsanzahl keine Rolle. Für einen bestimmten Drehwinkel liefern alle parallelen Rotationsachsen denselben Parallelversatz und dieselbe optische Weglängendifferenz des Ausfallstrahls.

4.1.6 Invarianzachsen von komplanaren Spiegelsystemen mit gerader Anzahl von Reflexionen

Komplanare Spiegelsysteme mit gerader Anzahl an Reflexionen (Abb. 4.8b und c) besitzen vier, sechs, acht usw., insgesamt $2i$ Spiegelflächen, deren Flächenlote alle in der Hauptschnittebene liegen. Die Bezeichnung der Winkel erfolgt analog zur Klasse der ungeraden Reflexionszahl. Das Basiselement, der Winkelspiegel, fällt ebenfalls in diese Klasse, da er dieselben Eigenschaften besitzt. Die Invarianzachse für Drehungen liegt in diesem Fall senkrecht zum Hauptschnitt (Abb. 4.7b). Bei Rotation des Systems um diese Achse um den Winkel β bleibt die Winkellage des Ausfallstrahls unverändert. Dies gilt für alle derartigen Systeme. Beim Winkelspiegel lassen sich gleichzeitig der Parallelversatz und die optische Weglängenänderung eliminieren, indem die Position der Drehachse in der Schnittgeraden der beiden Spiegelflächen gewählt wird. Im Fall höherwertiger Elemente gibt es allerdings keine Lage der Drehachse im Raum, die einen Parallelversatz und eine optische Weglängenänderung vollständig eliminieren würde. Beide Größen lassen sich im Allgemeinen nur minimieren, allerdings in der Regel nicht gleichzeitig.

Wenn der einfallende Lichtstrahl im Hauptschnitt liegt, existiert eine Invarianzachse für Translationen, die den Parallelversatz beseitigt. Sie liegt unter dem Winkel

$$\gamma_{p=0} = \varepsilon_1' - \sum_{j=1}^{i} \alpha_{2j-1} \tag{4.2}$$

zur ersten Spiegelfläche und wird durch die Richtung senkrecht zum Hauptschnitt zu einer Invarianzebene ergänzt. Fällt das Licht schräg zum Hauptschnitt ein, garantiert nur eine einzige Translationsachse senkrecht zum Hauptschnitt ein Verschwinden des Parallelversatzes. Er bleibt jedoch weiterhin bei Verlagerungen in der genannten Richtung im Hauptschnitt minimal.

Es gibt eine Translationsinvarianzebene zur Eliminierung der optischen Weglängenänderung, welche senkrecht zur letzten unter

$$\gamma_{\Delta L=0} = \varepsilon_1' - \sum_{j=1}^{i} \alpha_{2j-1} + 90^\circ \tag{4.3}$$

zur ersten Spiegelfläche steht. Sie existiert auch für den Fall, wenn das einfallende Licht nicht in der Hauptebene liegt. Die Lage beider Invarianzrichtungen für Verschiebung ist abhängig vom Einfallswinkel des Lichtes auf die erste Spiegelfläche. Zudem spielen die Winkel innerhalb der Basiswinkelspiegel, aus denen die Elemente aufgebaut sind, eine Rolle. Die Relativlage der Basiselemente zueinander ist wiederum irrelevant. Das Verhalten ist in dieser Hinsicht vergleichbar mit den Elementen mit ungerader Anzahl von Reflexionen. Wie beim Winkelspiegel lassen sich auch bei höherwertigen Umlenkelementen dieser Gruppe Parallelversatz und optische Wegdifferenz nicht gleichzeitig eliminieren, wenn man von der Translationsrichtung senkrecht zum Hauptschnitt absieht. Das ist ein Nachteil gegenüber Systemen mit ungerader Anzahl von Reflexionen.

4.1.7 Höherwertige, nicht-komplanare Systeme

Für höherwertige Spiegelsysteme lassen sich ebenfalls Invarianzen ermitteln. M. Bauerschmidt hat in seiner Dissertation [Bau65] gezeigt, dass sich die Winkelablenkung des Strahls für ein gesamtes Spiegelsystem in einer Quaternion ausdrücken lässt. Sie beschreibt die Überführung des Einfallsstrahls in den Ausfallstrahl als Drehung um eine dem System eigene Achse $\boldsymbol{v}$ um einen bestimmten Winkel. Diese Quaternion lässt sich aus dem Produkt der Einzelquaternionen aller Flächen bilden, wobei die Reihenfolge in Strahlrichtung zu beachten ist.

$$\boldsymbol{Q}_{ges} = \prod_{j=1}^{N} \boldsymbol{Q}_j \tag{4.4}$$

Für jede Fläche wird die Quaternion aus ihrer Normalen als Drehachse und einem Drehwinkel von 180° gebildet.

$$Q_j = \begin{bmatrix} 0 \\ n_1 \\ n_2 \\ n_3 \end{bmatrix} \tag{4.5}$$

Die resultierende Quaternion enthält dann in ihrem Imaginärteil die Achsrichtung, um die das Gesamtsystem gedreht werden kann, ohne eine Winkelabweichung des Ausfallstrahls zu verursachen. Diese Eigenschaft gilt unabhängig von der Anzahl der reflektierenden Flächen. In speziellen Fällen lässt sich durch geschickte Wahl der Lage dieser Drehachse im Raum der Parallelversatz oder die optische Weglänge eliminieren. In anderen Fällen können diese Größen lediglich minimiert werden. Eine allgemeine Angabe dieser Achslage ist nicht möglich, weshalb für jedes individuelle Spiegelsystem numerische Methoden zur Überprüfung der Existenz derartiger Rotationsachsen angewendet werden müssen.

Auch für die Verschiebung höherwertiger, nicht-komplanarer Systeme lassen sich Aussagen zu Invarianzen machen. Der Parallelversatz bei Verlagerung eines beliebigen Spiegelsystems mit insgesamt N Spiegelflächen um den Vektor $\boldsymbol{w}$ lässt sich durch eine rekursive Formel beschreiben (Details siehe Anhang B). Er ist dabei als Vektor formuliert, der vom originalen Strahl im unverschobenen System zum versetzten Strahl im verschobenen System weist und immer senkrecht auf beiden Strahlen steht.

$$\begin{aligned} \boldsymbol{p}_j = \; & \boldsymbol{p}_{j-1} - 2\langle \boldsymbol{p}_{j-1}.\boldsymbol{n}_j \rangle \boldsymbol{n}_j + 2\langle \boldsymbol{w}.\boldsymbol{n}_j \rangle [\langle \boldsymbol{s}_j.\boldsymbol{n}_j \rangle \boldsymbol{s}_j - 2\langle \boldsymbol{s}_j.\boldsymbol{n}_j \rangle^2 \boldsymbol{n}_j + \boldsymbol{n}_j] \\ \text{mit} & \\ \boldsymbol{p}_1 = \; & 2\langle \boldsymbol{w}.\boldsymbol{n}_1 \rangle [\langle \boldsymbol{s}_1.\boldsymbol{n}_1 \rangle \boldsymbol{s}_1 - 2\langle \boldsymbol{s}_1.\boldsymbol{n}_1 \rangle^2 \boldsymbol{n}_1 + \boldsymbol{n}_1] \end{aligned} \tag{4.6}$$

Die optische Weglängenänderung lässt sich unter Kenntnis des Parallelversatzes mit einer ähnlichen Formel bestimmen:

$$\begin{aligned}
\Delta L_j = \quad & \Delta L_{j-1} + 2N\frac{\langle \boldsymbol{w}.\boldsymbol{n_j}\rangle}{\langle \boldsymbol{s_j}.\boldsymbol{n_j}\rangle} - N|\boldsymbol{p_{j-1}}|\mathrm{sign}(\langle \boldsymbol{p_{j-1}}.\boldsymbol{n_j}\rangle)\frac{\sqrt{1-\langle \boldsymbol{s_j}.\boldsymbol{n_j}\rangle^2}}{\langle \boldsymbol{s_j}.\boldsymbol{n_j}\rangle} \\
& - N|\boldsymbol{p_j}|\mathrm{sign}(\langle \boldsymbol{p_j}.\boldsymbol{n_j}\rangle)\frac{\sqrt{1-\langle \boldsymbol{s_j}.\boldsymbol{n_j}\rangle^2}}{\langle \boldsymbol{s_j}.\boldsymbol{n_j}\rangle} \\
& \text{mit} \\
\Delta L_1 = \quad & 2N\frac{\langle \boldsymbol{w}.\boldsymbol{n_1}\rangle}{\langle \boldsymbol{s_1}.\boldsymbol{n_1}\rangle} - N|\boldsymbol{p_1}|\mathrm{sign}(\langle \boldsymbol{p_1}.\boldsymbol{n_1}\rangle)\frac{\sqrt{1-\langle \boldsymbol{s_1}.\boldsymbol{n_1}\rangle^2}}{\langle \boldsymbol{s_1}.\boldsymbol{n_1}\rangle}
\end{aligned} \tag{4.7}$$

Als Hilfsgröße wird die Lichtrichtung $\boldsymbol{s_j}$ vor jeder Spiegelfläche j benötigt.

$$\boldsymbol{s_j} = \boldsymbol{s_{j-1}} - 2\langle \boldsymbol{s_{j-1}}.\boldsymbol{n_{j-1}}\rangle \boldsymbol{n_{j-1}} \tag{4.8}$$

Für den Fall, dass der Nenner in Gleichung 4.7 verschwindet, ist die optische Weglängenänderung nicht berechenbar. Dies geschieht jedoch nur bei streifendem Einfall unter einem Einfallswinkel von 90°. In diesem Fall würde die Fläche verfehlt und wird ausgelassen.

An Positionen $\boldsymbol{w}$, an denen $\Delta L_N = 0$ oder $|\boldsymbol{p_N}| = 0$ vorliegt, finden sich Invarianzorte. Für höherwertige Systeme ($N \geq 3$) lässt sich stets eine Gerade finden, für die der Parallelversatz bei Translation verschwindet, sowie eine Ebene für Verschiebungen, die die optische Weglängenänderung eliminiert. Damit gibt es nur genau zwei anti-parallele Richtungen für eine Vermeidung des Auswanderns des Strahls aber unendlich viele Richtungen zur Vermeidung von Messfehlern durch Bewegungen des Umlenkelementes. In Systemen mit gerader Anzahl von Reflexionen liegt die Gerade stets in der Ebene, was eine Richtung ermöglicht, in der beide Fehler verschwinden. Im Fall einer ungeraden Anzahl von Reflexionen ist dies im Allgemeinen nicht der Fall. Um die genaue Lage der Geraden und Ebene ausfindig zu machen, müssen numerische Methoden angewendet werden.

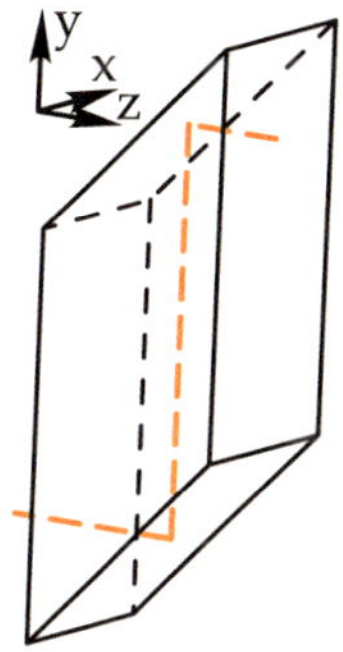

Abb. 4.9: Rhomboidprisma

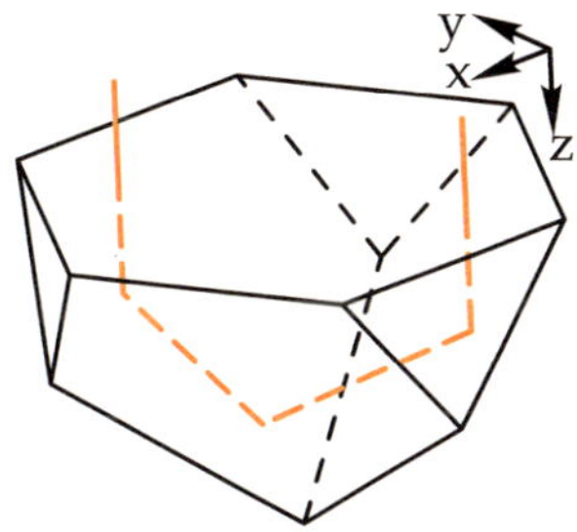

Abb. 4.10: Tripelprisma

4.1.8 Spiegelsysteme mit speziellen Invarianzeigenschaften

Unter den Spiegelsystemen gibt es zwei Spezialfälle, die erwähnenswert sind, weil sie unendlich viele Invarianzachsen gegenüber Drehung bezüglich der Strahlrichtung besitzen. Anders formuliert ist für diese Systeme jede mögliche Drehachse im Raum eine Invarianzachse für die Strahlrichtung. Eines dieser Elemente ist die sogenannte Spiegeltreppe, auch bekannt in der Ausführung als Rhomboidprisma [NS14, S. 152] (Abb. 4.9), welche aus zwei parallelen Spiegelflächen aufgebaut ist und damit zur Gruppe gerader Anzahl von Reflexionen zählt. Ihre Aufgabe ist die Erzeugung eines Parallelversatzes ohne Änderung der Strahlrichtung wie beispielsweise in einem Periskop. Die Größe des Parallelversatzes und der optischen Weglänge ist jedoch von der Drehlage des Elementes abhängig.

Das zweite Element mit dieser speziellen Eigenschaft ist der Tripelspiegel bzw. das Tripelprisma (Abb. 4.10). Es besitzt drei Spiegelflächen und ist ein nicht-komplanares Element mit ungerader Anzahl von Reflexionen. Seine Aufgabe ist die Richtungsumkehr eines Strahls. Es sendet jeden einfallenden Lichtstrahl in exakt die Richtung zurück, aus der er gekommen ist. Dabei erzeugt es einen Parallelversatz, wenn der Strahl nicht mittig auf den gemeinsamen Punkt aller drei Spiegelflächen fällt. Das Tripelprisma wird aufgrund dieser Eigenschaft hauptsächlich in der Messtechnik als Retroreflektor eingesetzt. Die Größe des Parallelversatzes und der optischen Weglänge ist wiederum abhängig von der Drehlage des Elementes, bleibt jedoch für den Tripelspiegel ohne Glaskörper im Strahlengang konstant, wenn sich das Drehzentrum im gemeinsamen Schnittpunkt aller drei Spiegelflächen befindet.

Da Spiegeltreppe und Tripelspiegel eine Strahlumlenkung von 0° bzw. 180° bewirken, sind sie als Umlenkelemente im Sinne dieser Arbeit nicht verwendbar.

4.1.9 Einfluss des Glaskörpers im Strahlengang

Oft werden Spiegelsysteme als monolithische Prismen hergestellt, um die Handhabbarkeit der Elemente zu verbessern. Das erlaubt eine vereinfachte Fertigung mit geringen Toleranzen und erhöht die mechanische und thermische Stabilität der Lage der optisch wirksamen Flächen zueinander. Es erspart eine Justage der Spiegelwinkel und erleichtert die Fassung der Elemente. Für große Einfallswinkel wird außerdem die Nutzung von Totalreflexion ermöglicht, was den Reflexionsgrad erhöht und das Auftragen von metallischen oder dielektrischen Beschichtungen auf der Oberfläche erspart.

Aus Gründen von Herstellbarkeit, Handhabbarkeit und Wirtschaftlichkeit werden komplexere Anordnungen häufig aus mehreren verkitteten Prismen aufgebaut, um die Relativlage der Einzelflächen zu garantieren. Für die Betrachtungen in dieser Arbeit werden die Kitte als ebenso ideal angenommen wie die Prismen selbst. Sie werden als eine vernachlässigbar dünne Schicht mit perfekt parallelen Endflächen betrachtet, die den gleichen Brechungsindex hat wie das umgebende Material.

Im Unterschied zu einem reinen Spiegelsystem wird in Reflexionsprismen ein zusätzlicher Glaskörper mit einer Brechzahl verschieden von Luft in den Strahlengang des Systems eingefügt, dessen Eigenschaften das Verhalten des Gesamtsystems beeinflussen. In dieser Arbeit wird im Fall von Reflexionsprismen stets von sogenannten dispersionsfreien Prismen ausgegangen. Diese Annahme ist für alle diejenigen Prismen

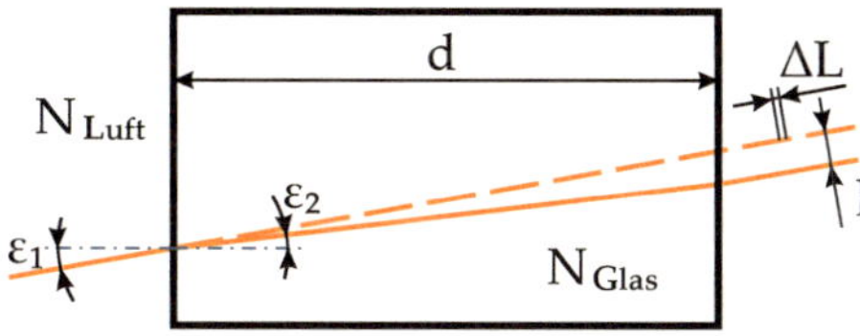

Abb. 4.11: Einfluss des (umgewerteten) Glaskörpers auf Parallelversatz und optische Weglängenänderung bei schrägem Lichteinfall.

sinnvoll, bei denen die Brechung an den Glas-Luft-Grenzflächen nicht zur expliziten Strahlablenkung genutzt werden soll. Dispersion bezeichnet das Phänomen des Aufspaltens von weißem Licht in seine Spektralfarben nach der Brechung an einer Grenzfläche. Die Ursache hierfür ist die Wellenlängenabhängigkeit der Brechzahl, die bei verschiedenen Stoffen unterschiedlich stark ausgeprägt ist [Hof80]. Als dispersionsfrei gilt ein Prisma, wenn nach seiner Umwertung (siehe Kap. 3.1) ein Glaskörper mit parallelen Endflächen entsteht. Die meisten dieser Prismen sind so ausgelegt, dass in der idealen Position die Ein- und Austrittsfläche senkrecht zum Lichtstrahl liegen. Für ein kollimiertes Bündel wird eine Brechung in dieser Lage vollständig vermieden, was auch die Dispersion für polychromatisches Licht unterbindet.

Da Laserlicht im Allgemeinen quasi-monochromatisch ist, ist die Abhängigkeit der Brechzahl von der Wellenlänge für die Anwendung in interferometrischen Messsystemen von untergeordneter Bedeutung. Lediglich für heterodyne Ausführungen von Interferometern, die mit Licht von zwei oder mehr verschiedenen Wellenlängen arbeiten, spielt dies eine Rolle. Für die Invarianzeigenschaften hingegen, ist die Dispersionsfreiheit wichtig. Hätte der Glaskörper nach der Umwertung die Form eines Keils, würde er eine einfallswinkelabhängige Ablenkung des Ausfallstrahls bewirken, was in den meisten Fällen unerwünscht ist.

Dispersionsfreie Prismen besitzen also einen Glaskörper der Brechzahl $N_{Glas}(\lambda)$ und der umgewerteten Dicke d (Abb. 4.11). Dessen Einfluss lässt sich untersuchen wie der einer planparallelen Glasplatte. Bei einer

Verkippung wird sie den Strahl parallel zu sich selbst versetzen und damit auch seine optische Weglänge ändern, ohne seine Richtung zu beeinflussen.

$$|\boldsymbol{p}_{Glas}| = d[\tan(\varepsilon_1) - \tan(\varepsilon_2)]\cos(\varepsilon_1)$$
$$\boldsymbol{p}_{Glas} = d\left[1 - \sqrt{\frac{N_{Luft}^2 - N_{Luft}^2\sin(\varepsilon_1)}{N_{Glas}^2 - N_{Luft}^2\sin(\varepsilon_1)}}\right](\langle \boldsymbol{s}.\boldsymbol{n}\rangle \boldsymbol{s} - \boldsymbol{n}) \tag{4.9}$$

$$L_{Glas} = d\left[\frac{N_{Glas}}{\cos(\varepsilon_2)} - \frac{N_{Glas}}{\cos(\varepsilon_1)} + N_{Luft}\Big(\tan(\varepsilon_1) - \tan(\varepsilon_2)\Big)\sin(\varepsilon_1)\right] \tag{4.10}$$

Diese Änderungen sind unabhängig von denen des Spiegelsystems und lassen sich daher unter Beachtung des Vorzeichens linear superpositionieren. Diese Eigenschaft lässt sich leider im Allgemeinen nicht ausnutzen, um die entstehende optische Weglängenänderung oder den Parallelversatz zu kompensieren. Zwar existiert jeweils eine Drehachse, die den Parallelversatz bzw. die optische Weglängenänderung kompensiert, deren Lage ist jedoch für jeden Drehwinkel verschieden und somit nicht allgemein gültig.

Der Einfluss einer planparallelen Platte auf die Polarisation ist vernachlässigbar. Für zirkular polarisiertes Licht wird die Elliptizität marginal reduziert, während der Azimut unverändert bleibt. Dies gilt unabhängig von der Plattendicke d. Da das Verhalten der Polarisation nichtlinear ist, lässt sich dieses Ergebnis nicht mit den Effekten des Spiegelsystems superpositionieren.

Der Unterschied zwischen der Polarisationsdrehung in einem Prisma und der im entsprechenden Spiegelsystem kann bisweilen sehr groß sein. Hauptursache hierfür ist aber nicht der Einfluss der Brechung an der Ein- und Austrittsfläche, sondern die Reflexion an den verspiegelten Flächen. Während im Spiegelsystem der Brechzahlsprung von ≈ 1 in Luft auf N_M im Material der Verspiegelung vorliegt, ist im entsprechenden Prisma ein Brechzahlsprung von N_{Glas} im Glas auf N_M in Luft (Totalreflexion) oder im Verspiegelungsmaterial vorhanden.

Im Vergleich zu diesem Unterschied bleibt der Einfluss der Brechung vernachlässigbar.

4.2 Refraktive Umlenkelemente

Als refraktive Umlenkelemente sollen im Rahmen dieser Arbeit solche Prismen verstanden werden, welche die Brechung gezielt zur Strahlumlenkung einsetzen. Damit sind sie klar abgegrenzt zu den Reflexionsprismen, bei denen der Glaskörper lediglich ein mechanisches Hilfsmittel zur Lagedefinition der Spiegelflächen ist. Reflexionsprismen sind in der Regel dispersionsfrei, d.h. sie ergeben in ihrer Umwertung eine planparallele Glasplatte und weisen zumeist in idealer Gebrauchslage einen senkrechten Lichteinfall auf die Glasflächen auf. Im Gegensatz dazu benötigen refraktive Umlenkelemente Einfallswinkel größer als 0°, um durch die Brechung eine Strahlumlenkung zu erreichen.

Das einfachste refraktive Umlenkelement ist das Keilprisma (Abb. 4.12) [Hec02, S. 187]. Es besitzt zwei brechende Flächen, die je nach Ausführung unterschiedliche Winkel einschließen können. Häufige Beispiele sind 30° oder 60°. Die Brechung an jeder Fläche verursacht eine Umlenkung der Strahlrichtung um den Winkel

$$\delta = \varepsilon_1 - \varepsilon_2 = \varepsilon_1 - \arcsin\left(\frac{N_1}{N_2}\sin(\varepsilon_1)\right). \tag{4.11}$$

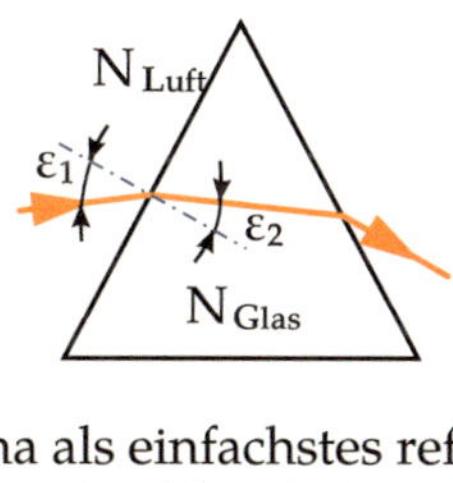

Abb. 4.12: Das Keilprisma als einfachstes refraktives Umlenkelement nutzt zwei Brechungen zur Strahlumlenkung.

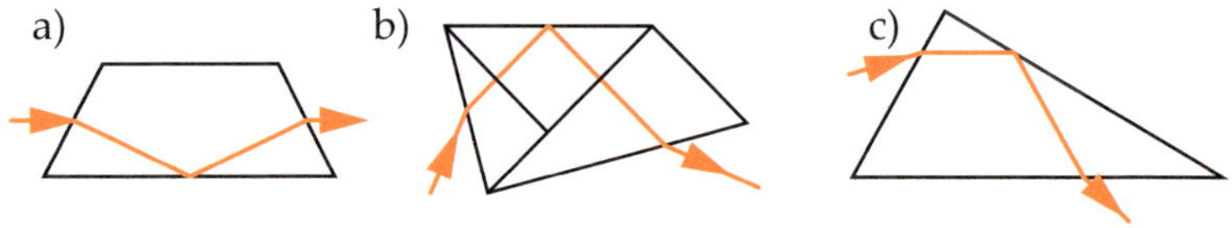

Abb. 4.13: Beispiele für refraktive Umlenkelemente, die eine Spiegelfläche enthalten. a) Dove-Prisma b) Abbe-Prisma mit 90° Umlenkung c) Abbe-Prisma mit 60° Umlenkung.

Das Keilprisma ist vor allem für die Aufspaltung von weißem Licht in ein kontinuierliches Farbspektrum bekannt. Daher sind Spektrometer sein Haupteinsatzgebiet, wobei die Umlenkung ein Nebeneffekt ist und die spektrale Zerlegung des Lichtes im Vordergrund steht. Aufgrund dieser Eigenschaft ist diese Art von Umlenkelement für Heterodyninterferometer, die mit zwei oder mehr verschiedenen Wellenlängen arbeiten, wenig geeignet, da es eine Differenz der Strahlrichtung verschiedener Wellenlängen hervorrufen würde.

Der Ablenkwinkel von refraktiven Umlenkelementen ist üblicherweise gering. Unter Verwendung eines gebräuchlichen Glases (Brechzahl $N_{Glas} \approx 1.5$) lässt sich an einer einzelnen Fläche ein maximaler Umlenkwinkel von ca. 45° erzeugen. Da dies fast streifenden Ein- bzw. Ausfall erfordert, nutzt man üblicherweise geringe Winkel, sodass für große Umlenkwinkel viele refraktive Elemente hintereinander angeordnet werden müssen. Die Kombination mit einer Reflexion ermöglicht auch größere Ablenkwinkel in einem einzigen Element. Die Abgrenzung der refraktiven Umlenkelemente zu den Reflexionsprismen schließt nicht aus, dass diese auch eine oder mehrere Spiegelflächen enthalten können. Für solche Mischfälle gibt es verschiedene Beispiele [Hec02]. Das Dove-Prisma oder auch Wendeprisma (Abb. 4.13a) weist in seiner Gebrauchslage keine Ablenkung auf. Es dient der Bildaufrichtung unter Beibehaltung der Richtung des Strahlbündels für abbildende Systeme. Das Abbe-Prisma existiert in verschiedenen Varianten z.B. für 90° oder 60° Umlenkwinkel (Abb. 4.13b und c).

4.2.1 Einteilung und Invarianzen von refraktiven Umlenkelementen

Eine Einteilung der refraktiven Umlenkelemente nach der Anzahl ihrer Wirkflächen in gerade und ungerade ist nicht sinnvoll, da Brechungen immer paarweise auftreten. Das Licht muss jedes Medium, in das es eindringt, auch wieder verlassen, sodass keine ungeraden Anzahlen von Brechungen möglich sind. Die einzige, denkbare Ausnahme wäre ein Prisma, dessen Austrittsfläche zur Nutzung als Retroreflektor verspiegelt ist, so dass die Brechung an der Eintrittsfläche jeweils nur einmal auf dem Hin- und Rückweg gezählt würde. Praktisch hat dieses Beispiel jedoch wenig Relevanz.

Die Brechung muss nicht immer gegenüber Luft stattfinden. Sie kann auch zwischen verschiedenen Gläsern erfolgen, wie das Amici-Prisma zeigt (Abb. 4.14) [MM04]. Es dient ebenso wie das Keilprisma der lateralen spektralen Aufspaltung, wobei für die mittlere Wellenlänge die Strahlrichtung unverändert bleibt. Daher ist es auch unter dem Namen Geradsichtprisma bekannt. In einer Ausführung mit nur zwei Glaskörpern [PP93, S. 123] ist es ein Beispiel für ein refraktives Element mit drei Brechungen. Da es für diese Kategorie keine weiteren verbreiteten Beispiele gibt, wird sie an dieser Stelle nicht weiter untersucht.

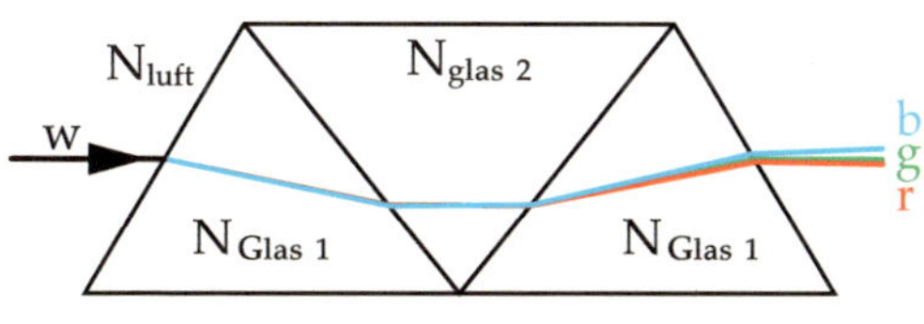

Abb. 4.14: Das Amici-Prisma wird zur Aufspaltung von weißem (w) Licht in ein Spektrum unter Beibehaltung der Lichtrichtung für die zentrale, grüne Wellenlänge genutzt. Es besteht aus drei Glaskörpern verschiedener Materialien. Das Beispiel zeigt Prisma 1 und 3 (Glas 1) aus N-BK7 und Prisma 2 (Glas 2) aus N-LASF9 bei 430 nm (blau), 550 nm (grün) und 680 nm (rot) Wellenlänge.

Das Keilprisma ist der einfachste Vertreter der refraktiven Umlenkelemente und daher das Basiselement ähnlich wie der Winkelspiegel für reflektierende Umlenkelemente. Für die Kombination von mehreren Glaskörpern bzw. Keilprismen lässt sich zwischen komplanarer und nicht-komplanarer Anordnung unterscheiden. Analog zu den Reflexionselementen gilt eine Flächenkombination als komplanar, wenn alle Flächenlote in derselben Ebene liegen.

Refraktive Umlenkelemente weisen deutlich weniger Invarianzen auf als reflektierende Elemente. Ein Grund dafür ist, dass die Ablenkung an einer brechenden Fläche (Gleichung 4.11) nichtlinear vom Einfallswinkel und dem Brechzahlverhältnis der beiden Medien abhängt. Eine Kompensation dieses Effektes durch die Brechung an einer weiteren Fläche ist dadurch unwahrscheinlich. Sie existiert nur für den Spezialfall mit identischen Einfallswinkeln auf beiden Flächen, wie sie an planparallelen Glasplatten vorzufinden sind. In diesem Fall (siehe Kap. 4.1.9) kehrt die zweite Fläche die Wirkung der ersten um, sodass Ein- und Ausfallstrahl stets parallel sind. Dies gilt für beliebige Einfallswinkel, wodurch die Planparallelplatte unendlich viele Invarianzachsen gegenüber Drehung bezüglich der Strahlrichtung besitzt. Ein Parallelversatz und eine optische Weglängenänderung treten dennoch auf und können auch nicht für alle Drehwinkel durch eine geeignete Wahl der Drehachsenlage korrigiert werden. Aufgrund der Parallelität von Ein- und Ausfallstrahl ist die Planparallelplatte jedoch nicht zur Strahlumlenkung verwendbar.

Allgemeine refraktive Umlenkelemente besitzen dagegen keine Invarianzachse für Drehung, bei denen die Strahlrichtung unverändert bleibt. Sie reagieren somit stets sensitiv auf Rotationen. Für komplanare refraktive Elemente existiert eine Invarianzrichtung gegenüber Translationen in der komplanaren Ebene, die die optische Weglängenänderung eliminiert. Durch die Richtung senkrecht zum Hauptschnitt wird sie zu einer Ebene ergänzt. Die Lage dieser Invarianzebene ist nichtlinear abhängig vom Einfallswinkel und der Geometrie des Prismas, wodurch ihre Lage numerisch zu bestimmen ist.

Der Parallelversatz des Strahls verschwindet im allgemeinen Fall nur für Translationen senkrecht zum Hauptschnitt von komplanaren, refraktiven Elementen. Für den Spezialfall, dass der Einfallsstrahl in der komplanaren Ebene liegt, existiert im Hauptschnitt eine weitere Translationsrichtung, die keinen Parallelversatz hervorruft, sodass sich wie bei der optischen Weglängenänderung eine Invarianzebene ergibt. Auch ihre Lage ist aufgrund der Nichtlinearitäten nur numerisch auffindbar. Für Lichteinfall schräg zum Hauptschnitt findet sich in dieser Richtung zwar ein Minimum, aber keine Nullstelle für den Parallelversatz.

Für nicht-komplanare refraktive Umlenkelemente existiert im Allgemeinen keine Translationsrichtung, die keine optische Weglängenänderung hervorruft. Entlang einer einzigen Translationsachse verschwindet jedoch der Parallelversatz des Ausfallstrahls. Auch diese Richtung lässt sich nicht analytisch angeben und muss für jedes Beispiel numerisch bestimmt werden.

4.3 Zusammenfassung Kapitel 4

Kapitel vier behandelt verschiedene Arten von Umlenkelementen. Neben der Vorstellung einiger Beispiele wurden die Elemente in generelle Gruppen zuerst nach ihrem Wirkprinzip und weiter nach ihren geometrischen und funktionellen Eigenschaften eingeteilt. Dies verschafft einen leichteren Überblick über die große Menge an Umlenkelementen und ermöglicht die einfache Einordnung ihres (qualitativen) Übertragungsverhaltens, insbesondere im Hinblick auf die für interferometrische Anwendungen besonders interessanten Invarianzachsen.

Es konnte gezeigt werden, dass sich für jede Gruppe Invarianzen finden lassen. Die refraktiven Umlenkelemente weisen davon relativ wenige auf, während Spiegelsysteme jeweils mindestens eine Achse für Rotation und Translation besitzen. Ein Glaskörper im Strahlengang von Reflexionsprismen wirkt sich jedoch negativ aus gegenüber dem vergleichbaren Spiegelsystem in Luft. Durch geschickte Nutzung dieser Achsen lassen sich bestimmte Fehler durch Bewegung des Umlenkelementes während der Messung vermeiden, da sie keine Auswirkung auf Ausfallstrahlrichtung, Parallelversatz oder optische Weglänge haben.

5 Betrachtung der Polarisation

Um Messwert und Kontrast des Interferometers korrekt vorhersagen zu können, muss die Polarisation des Lichtes und der Einfluss des Umlenkelementes darauf berücksichtigt werden. Das beinhaltet die Bestimmung der Polarisationsänderungen durch das Umlenkelement im Messarm sowie die Untersuchung der Auswirkungen auf das Interferometersignal nach der Überlagerung mit dem Referenzsignal. Um die Einflüsse der Polarisation auf die interferometrische Messung zu korrigieren, ist die Betrachtung von polarisationsbeeinflussenden Elementen notwendig, die mitunter auf Doppelbrechung basieren. Da das Verfahren bei der Berechnung der Vorgänge an Grenzflächen zu doppelbrechenden Medien in der Literatur selten vollständig beschrieben ist [Wün70][Wün78] [Oda91] [Slu10], wird es in diesem Kapitel zusammengefasst. Zur Motivation der Untersuchung der Polarisation geht der folgende Abschnitt zunächst auf die Auswirkungen ihrer Änderungen ein [Joh+14].

5.1 Auswirkungen der Polarisationsänderung auf die interferometrische Messung

Wird das Licht im Messarm eines Interferometers durch ein Umlenkelement beeinflusst, so können neben Strahllage und Strahlrichtung auch Amplitude, Phase und Polarisation verändert werden. Während der Einfluss der geometrischen Strahlposition auf die Messung schnell ersichtlich ist, bedarf es einer genaueren Untersuchung der Auswirkungen von Polarisationsänderungen auf das Messergebnis.

Eine Änderung der Phase des Lichtes durch das Umlenkelement ist nicht von einer Phasenänderung durch Variation der Messstrecke zu unterscheiden und wird daher zu einer Abweichung des Messwertes führen. Solange die vom Umlenkelement verursachte Phasenabweichung während des gesamten Zeitraums der Messung konstant bleibt, verursacht sie keinen Messfehler. Durch das relative Messverfahren hat ein konstanter Offset keinen Einfluss. Verursacht das Umlenkelement jedoch zeitabhängige Phasenverschiebungen z.B. durch Eigenbewegungen, so ist deren Größe direkt in der Änderung des Interferometermesswertes verzeichnet.

Änderungen der Amplitude A und der Polarisation (in Form von Azimut θ und Elliptizität ϵ, vgl. Abb. 3.4) können zweierlei Auswirkungen haben. Sie beeinflussen sowohl Messwert als auch Kontrast des Signals. Am Eingang des Interferometerkopfes wirkt die Kombination aus einem polarisierenden Strahlteiler umgeben von zwei $\lambda/4$-Platten (Abb. 2.3) wie ein Polarisator für zirkulares Licht. Ausgehend davon, dass auf Seiten des Messarms linkszirkular polarisiertes Licht emittiert wird, so muss – vom Planspiegel invertiert – rechtszirkular polarisiertes Licht zurückkommen. Dementsprechend kann nur der rechtszirkulare Anteil des Lichtes aus dem Messarm den Polarisator durchqueren. Jede davon abweichende Polarisation wird in ihrer Amplitude geschwächt.

Mathematisch lässt sich dies mit Hilfe der Jones-Vektoren am einfachsten beschreiben (vgl. Kapitel 3.2). Das zum Interferometerkopf zurückkehrende Licht aus dem Messarm besitzt die Amplitude A, die Phasenlage ϕ, die Elliptizität ϵ und den Azimut θ. Damit lässt sich der Jones-Vektor in folgender Form aufschreiben [AB89]:

$$J_{mes\ lin} = \begin{bmatrix} E_x \\ E_y \end{bmatrix} = A\,\mathrm{e}^{j\phi} \begin{bmatrix} \cos(\theta)\cos(\epsilon) - j\sin(\theta)\sin(\epsilon) \\ \sin(\theta)\cos(\epsilon) + j\cos(\theta)\sin(\epsilon) \end{bmatrix} \tag{5.1}$$

Eine Multiplikation mit einer einfachen Rotationsmatrix überführt diesen Vektor in die Form, in der links- und rechtszirkulare Polarisation, E_l und E_r, die Basis bilden [AB89]:

$$
\begin{aligned}
J_{mes\ circ} &= \begin{bmatrix} E_l \\ E_r \end{bmatrix} = \frac{1}{\sqrt{2}} \begin{bmatrix} 1 & j \\ 1 & -j \end{bmatrix} \begin{bmatrix} E_x \\ E_y \end{bmatrix} \\
J_{mes\ circ} &= \frac{A}{\sqrt{2}} \mathrm{e}^{j\phi} \begin{bmatrix} (\cos(\epsilon) - \sin(\epsilon))\, \mathrm{e}^{\,j\theta} \\ (\cos(\epsilon) + \sin(\epsilon))\, \mathrm{e}^{-j\theta} \end{bmatrix} .
\end{aligned} \tag{5.2}
$$

Die $\lambda/4$-Platten in Kombination mit dem polarisierenden Strahlteiler lassen nur den rechtszirkularen Anteil passieren, die obere Komponente gelangt dabei nicht zum Detektor. Das Licht des Referenzstrahls erfährt die entgegengesetzte Filterung. Da dessen Polarisation aber nicht verändert wurde, findet dabei keine Abschwächung statt. Am Ausgang des Strahlteilers überlagern sich beide Komponenten:

$$
\begin{aligned}
J_{ges\ circ} &= \begin{bmatrix} 0 & 0 \\ 0 & 1 \end{bmatrix} J_{mes\ circ} + \begin{bmatrix} 1 & 0 \\ 0 & 0 \end{bmatrix} J_{ref\ circ} \\
J_{ges\ circ} &= \frac{A}{\sqrt{2}} \mathrm{e}^{j\phi} \begin{bmatrix} 0 \\ (\cos(\epsilon) + \sin(\epsilon))\, \mathrm{e}^{-j\theta} \end{bmatrix} + \begin{bmatrix} 1 \\ 0 \end{bmatrix}
\end{aligned} \tag{5.3}
$$

Das Ergebnis ist eine Ellipse. Bei Verschiebung des Messspiegels rotiert sie um den Koordinatenursprung. Daher bestimmt ihre Elliptizität den Kontrast des Messwertes, weil die Amplitudenquadrate ihrer Halbachsen die maximal und minimal gemessene Intensität bei dieser Rotation repräsentieren. Bei $A = 1$ ergibt sich für $\epsilon = 45°$ eine Linie und für $\epsilon = -45°$ ein Kreis. Die entsprechenden Michelson-Kontraste sind 1 und 0. Die Drehlage der Ellipse bildet einen Offset zur Phasenverschiebung, die wiederum den abgelesenen Messwert bestimmt.

Signalkontrast

Die vier Sinussignale zur Messwertbestimmung am Interferometer werden durch Herausfiltern der linearen Komponenten unter den Winkeln

0°, 45°, 90° und 135° gewonnen. Ihre Intensitäten werden mit Hilfe von Photodioden gemessen. Für die Kontrastbestimmung genügt eines der Signale, da bei idealen Verhältnissen alle den gleichen Kontrast besitzen. Man gewinnt die hierfür gewählte horizontale Komponente, indem man den Jones-Vektor zunächst in das System der linearen Basisvektoren zurück transformiert:

$$\begin{aligned} J_{ges\ lin} &= \begin{bmatrix} E_x \\ E_y \end{bmatrix} = \frac{1}{\sqrt{2}} \begin{bmatrix} 1 & 1 \\ -j & j \end{bmatrix} \begin{bmatrix} E_l \\ E_r \end{bmatrix} \\ J_{ges\ lin} &= \frac{1}{\sqrt{2}} \begin{bmatrix} 1 + \frac{A}{\sqrt{2}}(\cos(\epsilon) + \sin(\epsilon))\, e^{j(\phi-\theta)} \\ -j + j\frac{A}{\sqrt{2}}(\cos(\epsilon) + \sin(\epsilon))\, e^{j(\phi-\theta)} \end{bmatrix} \end{aligned} \tag{5.4}$$

Der gemessene Intensitätsverlauf des horizontalen Signals entspricht dem Realteil des Quadrats der oberen Komponente

$$I_H = \frac{1}{2} + \frac{A^2}{4}(1 + \sin(2\epsilon)) + \frac{A}{\sqrt{2}}(\cos(\epsilon) + \sin(\epsilon)) \cos(\phi - \theta). \tag{5.5}$$

Die Intensität variiert mit wachsendem Phasenwinkel ϕ und besitzt ein Maximum und ein Minimum:

$$\begin{aligned} I_{H\ max} &= \frac{1}{2} + \frac{A^2}{4}(1 + \sin(2\epsilon)) + \frac{A}{\sqrt{2}}(\cos(\epsilon) + \sin(\epsilon)) \\ &\text{bei } \phi - \theta = 0° \\ I_{H\ min} &= \frac{1}{2} + \frac{A^2}{4}(1 + \sin(2\epsilon)) - \frac{A}{\sqrt{2}}(\cos(\epsilon) + \sin(\epsilon)) \\ &\text{bei } \phi - \theta = 180°. \end{aligned} \tag{5.6}$$

Damit ist der Michelson-Kontrast K des Signals [Mic27, S. 36] nur noch von A und ϵ abhängig:

$$K = \frac{I_{H\ max} - I_{H\ min}}{I_{H\ max} + I_{H\ min}} = \frac{\sqrt{2}A(\cos(\epsilon) + \sin(\epsilon))}{1 + \frac{A^2}{2}(1 + \sin(2\epsilon))} \tag{5.7}$$

Abb. 5.1 stellt den Verlauf des Kontrastes über den Elliptizitätswinkel

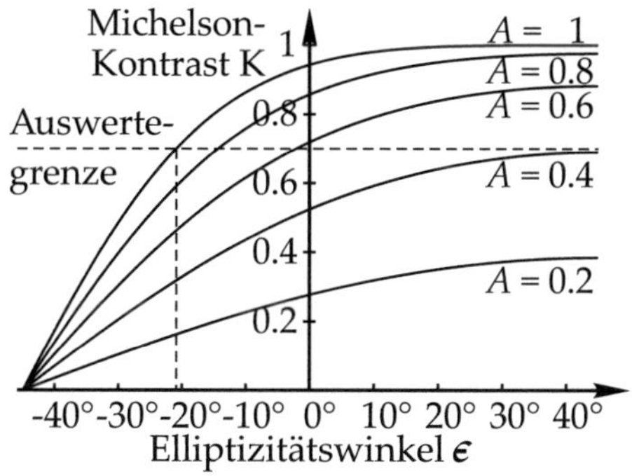

Abb. 5.1: Verlauf des Michelson-Kontrastes K eines Polarisationsinterferometers in Abhängigkeit von der normierten Amplitude A und dem Elliptizitätswinkel ϵ des Lichtes aus dem Messarm.

bei verschiedenen Amplituden dar. Die Referenzamplitude wird dabei mit 1 angenommen. Es ist erkennbar, dass der Kontrast nur sehr wenig abfällt, solange der gewünschte Drehsinn der Polarisation erhalten bleibt. Selbst bei linearer Polarisation ($\epsilon = 0°$) ist der Kontrast kaum gesunken und für $A = 1$ immer noch über 90%. Erst bei Umkehr des Drehsinns ist ein stärkerer Kontrastabfall zu beobachten. Bei linkszirkularer Polarisation ($\epsilon = -45°$) erreicht der Kontrast in jedem Falle 0, da das Messsignal vom Polarisator vollständig ausgelöscht wird.

Doch auch schon darüber ist eine zuverlässige Auswertung des Signals nicht mehr möglich. Als Kontrastgrenze für eine zuverlässige Interpretation des Signals wird häufig 70% angenommen, was ebenfalls im Diagramm verzeichnet ist. Um diese Grenze nicht zu unterschreiten darf die Amplitude selbst bei idealer rechtszirkularer Polarisation um nicht mehr als 60% gegenüber der Referenzamplitude geschwächt sein. Liegt die Amplitude jedoch bei 0,6 oder darüber, kann die Polarisation relativ stark variieren, solange sich ihre Drehrichtung nicht umkehrt. Bei ungeschwächter Amplitude ist sogar eine gegenläufige Polarisation mit einer Elliptizität von ca. -20° noch auswertbar.

Eine Polarisationsänderung durch Umlenkelemente, die den Kontrast um mehr als 30% schwächt, ist in jedem Fall zu korrigieren, um sichere Messwerte zu erhalten. Eine statische Korrektur genügt hier, da der Kontrast keinerlei Auswirkung auf den ermittelten Messwert hat. Da die Kurven in der rechten Diagrammhälfte sehr flach verlaufen, sind auch geringe dynamische Fehler nicht schädlich und damit vernachlässigbar.

Messwert

Zur Bestimmung des Messwertes des Interferometers werden die vier sinusförmigen Signale miteinander verrechnet. Zu ihrer Bestimmung verfährt man analog zu I_H (Gleichung 5.5). Damit lauten die Signale

$$\begin{aligned} I_{0^\circ} &= C + D\sin(\phi - \theta) = I_H \\ I_{90^\circ} &= C + D\cos(\phi - \theta) \\ I_{180^\circ} &= C - D\sin(\phi - \theta) \\ I_{270^\circ} &= C - D\cos(\phi - \theta) \end{aligned} \tag{5.8}$$

Dabei stehen die Abkürzungen für

$$\begin{aligned} C &= \frac{1}{2} + \frac{A^2}{4}(1 + \sin(2\epsilon)) \\ D &= \frac{A}{\sqrt{2}}(\cos(\epsilon) + \sin(\epsilon)) \end{aligned} \tag{5.9}$$

Der Messwert M ergibt sich anschließend aus

$$M \sim \frac{I_{0^\circ} - I_{180^\circ}}{I_{90^\circ} - I_{270^\circ}} = \frac{2D\sin(\phi - \theta)}{2D\cos(\phi - \theta)} = \tan(\phi - \theta). \tag{5.10}$$

Die durch eine Messspiegelverschiebung hervorgerufene Phasenverschiebung ϕ geht hier in gleichem Maße ein wie der polarisationsbedingte Azimutwinkel θ. Amplitude und Elliptizität des Lichtes aus dem Messarm wirken sich hingegen nicht auf den Messwert aus. Diese Unabhängigkeit der Parameter ist günstig für die Messung. Um einen unverfälschten Messwert zu erhalten, ist es lediglich notwendig dynamische Fehler des Azimuts während der Messung zu verhindern. Dabei ist auch zu beachten, dass Korrekturelemente zur Verbesserung des Signalkontrastes keine variable Azimutänderung während der Messung verursachen dürfen.

5.2 Koordinatensysteme

Die Änderung der Polarisation im Umlenkelement wird hauptsächlich durch die Reflexion an Grenzflächen verursacht. Um dies mathematisch zu beschreiben, werden an dieser Stelle verschiedene Koordinatensysteme definiert, auf die in den späteren Betrachtungen Bezug genommen wird. Da die untersuchten Effekte von der Strahlrichtung, der Orientierung der Grenzfläche und in späteren Betrachtungen der Ausrichtung von optisch anisotropen Medien abhängen, werden für diese drei Fälle jeweils verschiedene Koordinatensysteme benötigt (Abb. 5.2).

Das erste ist das Strahlkoordinatensystem, das mit dem Index S gekennzeichnet wird. Es orientiert sich mit seiner z_S-Achse an der Ausbreitungsrichtung des Lichtes (dem Poynting-Vektor $\mathbf{S}$). Seine x_S-Achse

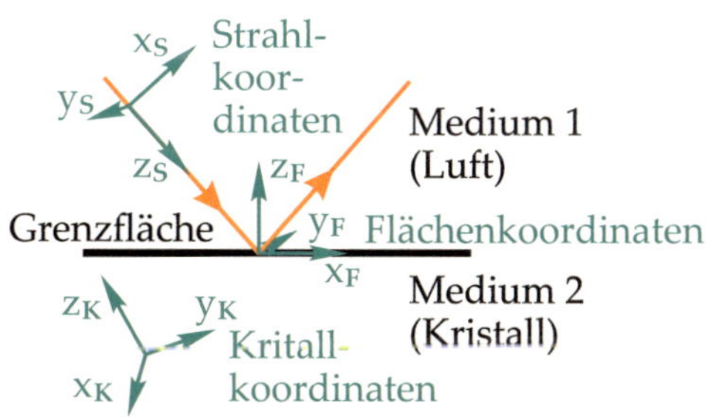

Abb. 5.2: Drei Koordinatensysteme werden für die Beschreibung der Polarisation an Grenzflächen benötigt: Sie orientieren sich am Einfallsstrahl, an der Grenzfläche und an den Hauptbrechzahlen des optisch anisotropen Mediums.

Tab. 5.1: Rotationsmatrix R für die Koordinatentransformation

		Kristallkoordinaten		
		x_K	y_K	z_K
Flächen-koordinaten	x_F	α_1	β_1	γ_1
	y_F	α_2	β_2	γ_2
	z_F	α_3	β_3	γ_3

liegt in der Einfallsebene des Strahls auf eine Grenzfläche, die y_S-Achse steht senkrecht darauf.

Zusätzlich wird ein Flächenkoordinatensystem eingeführt, das sich an der Grenzfläche und dem einfallenden Lichtstrahl orientiert und durch den Index F repräsentiert wird. Den Koordinatenursprung bildet der Auftreffpunkt des einfallenden Lichtes auf der Fläche. Die z_F-Achse wird senkrecht zur Grenzfläche gewählt, so dass sie in den Halbraum des einfallenden Lichtes hinein zeigt und identisch mit dem Flächenlot $\boldsymbol{n}$ ist. Die auf die Grenzfläche projizierte einfallende Lichtrichtung fällt mit der x_F-Achse zusammen. Die y_F-Achse ergänzt x_F und z_F zu einem Rechtssystem. Ist es aufgrund von senkrechtem Einfall nicht möglich, eine x_F-Richtung zu definieren, kann sie innerhalb der Grenzfläche frei gewählt werden. Auf diese Weise ergibt sich die $x_F z_F$-Ebene stets als Einfallsebene. Die y_F-Komponente des einfallenden Lichtes ist stets null. Seine x_F-Komponente ist positiv, die z_F-Komponente negativ.

Das Kristallkoordinatensystem erhält den Index K. Es wird in optisch anisotropen Medien angewendet und orientiert sich an den Richtungen der Hauptbrechzahlen (siehe Abschnitt 5.5). Es wird so gewählt, dass in x_K-Richtung die kleinste und in z_K-Richtung die größte Hauptbrechzahl vorliegt.

Für die Transformation von einem Koordinatensystem in ein anderes kann eine Rotationsmatrix verwendet werden. Drückt man die x-, y- und z-Einheitsvektoren (Richtungskosini) des einen Systems im anderen aus und schreibt sie in eine Matrix **R** der Form wie in Tabelle 5.1, so gelten die Beziehungen:

$$\begin{aligned}
1 &= \alpha_1^2 + \alpha_2^2 + \alpha_3^2 && = \beta_1^2 + \beta_2^2 + \beta_3^2 && = \gamma_1^2 + \gamma_2^2 + \gamma_3^2 \\
1 &= \alpha_1^2 + \beta_1^2 + \gamma_1^2 && = \alpha_2^2 + \beta_2^2 + \gamma_2^2 && = \alpha_3^2 + \beta_3^2 + \gamma_3^2 \\
0 &= \alpha_1\alpha_2 + \beta_1\beta_2 + \gamma_1\gamma_2 && = \alpha_1\alpha_3 + \beta_1\beta_3 + \gamma_1\gamma_3 \\
&= \alpha_2\alpha_3 + \beta_2\beta_3 + \gamma_2\gamma_3 \\
0 &= \alpha_1\beta_1 + \alpha_2\beta_2 + \alpha_3\beta_3 && = \alpha_1\gamma_1 + \alpha_2\gamma_2 + \alpha_3\gamma_3 \\
&= \beta_1\gamma_1 + \beta_2\gamma_2 + \beta_3\gamma_3
\end{aligned} \tag{5.11}$$

$$\boldsymbol{X_K} = \begin{bmatrix} x_K \\ y_K \\ z_K \end{bmatrix} = \begin{bmatrix} \alpha_1 x_F + \alpha_2 y_F + \alpha_3 z_F \\ \beta_1 x_F + \beta_2 y_F + \beta_3 z_F \\ \gamma_1 x_F + \gamma_2 y_F + \gamma_3 z_F \end{bmatrix} = \boldsymbol{R^T X_F}$$

$$\boldsymbol{X_F} = \begin{bmatrix} x_F \\ y_F \\ z_F \end{bmatrix} = \begin{bmatrix} \alpha_1 x_K + \beta_1 y_K + \gamma_1 z_K \\ \alpha_2 x_K + \beta_2 y_K + \gamma_2 z_K \\ \alpha_3 x_K + \beta_3 y_K + \gamma_3 z_K \end{bmatrix} = \boldsymbol{R X_K} \tag{5.12}$$

Durch Multiplikation des Ortsvektors eines Punktes **X** im ersten Koordinatensystem mit der Rotationsmatrix **R** lassen sich die Koordinaten des Punktes im zweiten Koordinatensystem ermitteln. Zur Rücktransformation wird die transponierte Rotationsmatrix multipliziert (Gleichung 5.12). Das Flächen- und Kristallkoordinatensystem dienen hier nur als Beispiel. Das Vorgehen ist auf beliebige Koordinatensysteme anwendbar.

5.3 Optisch isotrope Medien

In optisch isotropen Medien werden zur Bestimmung von Strahlverlauf, Intensität und Phasenlage an Grenzflächen das Brechungsgesetz (Gleichung 2.2), das Reflexionsgesetz (Gleichung 2.1) und die Fresnel'schen

Formeln (Gleichung 5.13 unter Annahme gleicher magnetischer Permeabilität beider Medien) [AB89] verwendet.

$$
\begin{aligned}
\frac{\hat{A}_{rp}}{\hat{A}_{ip}} = r_p &= \frac{N_2\cos(\varepsilon_1) - N_1\cos(\varepsilon_2)}{N_2\cos(\varepsilon_1) + N_1\cos(\varepsilon_2)} &&= \frac{\tan(\varepsilon_1 - \varepsilon_2)}{\tan(\varepsilon_1 + \varepsilon_2)} \\
\frac{\hat{A}_{rs}}{\hat{A}_{is}} = r_s &= \frac{N_1\cos(\varepsilon_1) - N_2\cos(\varepsilon_2)}{N_1\cos(\varepsilon_1) + N_2\cos(\varepsilon_2)} &&= \frac{-\sin(\varepsilon_1 - \varepsilon_2)}{\sin(\varepsilon_1 + \varepsilon_2)} \\
\frac{\hat{A}_{tp}}{\hat{A}_{ip}} = t_p &= \frac{2N_1\cos(\varepsilon_1)}{N_2\cos(\varepsilon_1) + N_1\cos(\varepsilon_2)} &&= \frac{2\sin(\varepsilon_2)\cos(\varepsilon_1)}{\sin(\varepsilon_1 + \varepsilon_2)\cos(\varepsilon_1 - \varepsilon_2)} \\
\frac{\hat{A}_{ts}}{\hat{A}_{is}} = t_s &= \frac{2N_1\cos(\varepsilon_1)}{N_1\cos(\varepsilon_1) + N_2\cos(\varepsilon_2)} &&= \frac{2\sin(\varepsilon_2)\cos(\varepsilon_1)}{\sin(\varepsilon_1 + \varepsilon_2)}
\end{aligned}
\tag{5.13}
$$

Die Fresnel'schen Formeln berücksichtigen Einfalls- und Brechungswinkel ε_1 und ε_2 sowie die Brechzahlen N_1 und N_2 vor und hinter der Grenzfläche, um Amplitude und Phase des transmittierten (Index t) bzw. reflektierten (Index r) Anteils zu bestimmen. Die Komponenten parallel zur Einfallsebene (Index p) und senkrecht dazu (Index s) werden getrennt behandelt, da sie ein unterschiedliches Verhalten zeigen. Die s-Komponente schwingt entlang der x_S-Achse des Strahlkoordinatensystems, p entlang der y_S-Achse. Bei absorbierenden Medien wie beispielsweise Metallen können die Brechungsindizes komplexe Werte annehmen, wodurch sich Phasensprünge ergeben, die von 0° bzw. 180° abweichen. Derselbe Effekt ist bei Totalreflexion zu beobachten, wenn beim Übergang vom optisch dichten zum optisch dünnen Medium der Brechungswinkel 90° überschreitet. In diesem Fall wird der Kosinus komplex. Der Term nach dem letzten Gleichheitszeichen in Gleichung 5.13 gilt nur im Falle dielektrischer Materialien, d.h. bei reellen Brechzahlen ohne Absorption.

Transformiert man den komplexen Amplitudenvektor $\hat{\boldsymbol{A}}_i$, der die Polarisation des einfallenden Lichtes beschreibt, in das Strahlkoordinatensystem laut Gleichung 5.12, so können die mit Gleichung 5.13 bestimm-

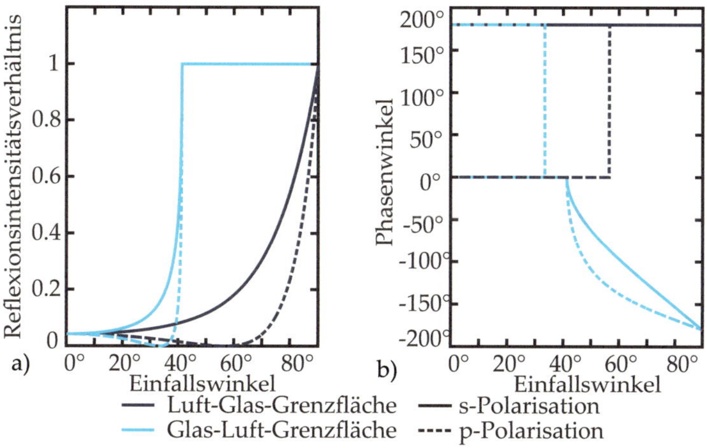

Abb. 5.3: a) Reflexionsgrad und b) Phasenwinkeländerungen der s- und p-Polarisation an einer Luft-Glas- und einer Glas-Luft-Grenzfläche ($N_{Luft} = 1$, $N_{Glas} = 1.51509$ (N-BK7 bei $\lambda = 632,8\ nm$)) in Abhängigkeit vom Einfallswinkel.

ten Koeffizienten mit der jeweiligen Komponente multipliziert werden (Gleichung 5.14).

$$\begin{bmatrix} \hat{A}_{rp} \\ \hat{A}_{rs} \\ 0 \end{bmatrix} = \begin{bmatrix} r_p & 0 & 0 \\ 0 & r_s & 0 \\ 0 & 0 & 0 \end{bmatrix} \begin{bmatrix} \hat{A}_{ip} \\ \hat{A}_{is} \\ 0 \end{bmatrix}$$
$$\begin{bmatrix} \hat{A}_{tp} \\ \hat{A}_{ts} \\ 0 \end{bmatrix} = \begin{bmatrix} t_p & 0 & 0 \\ 0 & t_s & 0 \\ 0 & 0 & 0 \end{bmatrix} \begin{bmatrix} \hat{A}_{ip} \\ \hat{A}_{is} \\ 0 \end{bmatrix} \quad (5.14)$$

Dabei ist zu beachten, dass die Koordinatensysteme der reflektierten Welle $\hat{A}_r$, der gebrochenen Welle $\hat{A}_t$ und der einfallenden Welle $\hat{A}_i$ verschieden sind. Gleichung 5.14 dient lediglich der Bestimmung der Amplituden.

Reflektierende Flächen, sowohl für Oberflächenspiegel als auch auf Prismenflächen ohne Totalreflexion, werden häufig durch Beschichtung mit Metallen oder Dielektrika erzeugt. Die Grenzfläche zwischen Luft und dem Dielektrikum bzw. Metall bestimmt durch ihre Brechzahldifferenz das Reflexionsverhalten des Lichtes. Bei Betrachtung dieser verschiedenen Materialübergänge werden Gemeinsamkeiten und Unterschiede deutlich. Für Dielektrika mit reellen Brechzahlen zeigt das Beispiel einer Luft-Glas-Grenzfläche (Abb. 5.3) den klassischen Anstieg des Reflexionsgrades mit dem Einfallswinkel. Beim sogenannten Brewster-Winkel ε_B fällt der Reflexionsgrad des parallelen Anteils auf null und dessen Phase zeigt einen Sprung um 180°. Für den umgekehrten Materialübergang von Glas nach Luft ist der Verlauf ähnlich, steigt jedoch schneller bis zum Grenzwinkel an. Der Brewster-Winkel ist daher kleiner als beim Übergang von Luft nach Glas, weist aber dieselben Eigenschaften auf. Jenseits des Grenzwinkels tritt Totalreflexion auf und der Reflexionsgrad erreicht 100%. Ab diesem Punkt ist eine stetige Änderung beider Phasenwinkel zu beobachten. Für die Polarisation ist dabei nur die Differenz der Winkel, d.h. die Fläche zwischen den Kurven von Bedeutung. Die Steigung der Kurven ist ein Indiz für die Empfindlichkeit des Azimuts gegenüber Einfallswinkeländerungen bei Drehung des Umlenkelementes, was Einfluss auf den Interferometermesswert hat.

Die Reflexion an metallischen Oberflächen in Luft (Abb. 5.4 für übliche Metall-Beschichtungen) weist qualitativ ein ähnliches Verhalten auf wie an dielektrischen Grenzflächen allerdings mit deutlich höherem Reflexionsgrad. Auch hier gibt es einen Brewster-Winkel, der jedoch in der p-Komponente nur ein Minimum und keine Nullstelle besitzt. Die Phasenwinkel verändern sich stetig, beginnend mit einer Differenz von 180° bei senkrechtem Einfall bis 0° bei streifendem Einfall. Ihre stärkste Änderung erfährt die Phase in der Umgebung des Brewster-Winkels. Je größer der Imaginärteil der Brechzahl ist, umso steiler wird der Übergang des Phasenwinkels der parallelen Komponente an dieser Stelle.

An verspiegelten Prismenflächen findet der Materialübergang von Glas zu Metall statt. Für solche Glas-Metall-Grenzflächen ist das Verhalten sehr ähnlich wie in Luft, jedoch ist der Reflexionsgrad geringer. Die

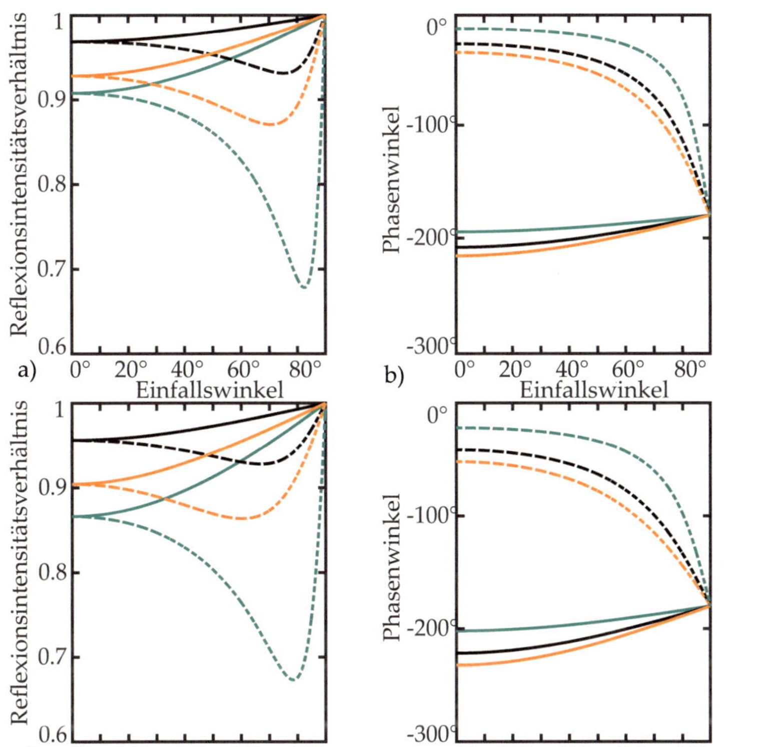

Abb. 5.4: a) + c) Reflexionsgrade und b) + d) Phasenwinkeländerungen der s- und p-Polarisation an einer a) + b) Luft-Metall-Grenzfläche sowie einer c) + d) Glas-Metall-Grenzfläche ($N_{Luft} = 1,\ N_{Glas} = 1.51509$ (N-BK7), $N_{Al} = 1.44819 - 7.53669i,\ N_{Au} = 0.19715 - 3.0899i,\ N_{Ag} = 0.13455 - 3.9865i$ bei $\lambda = 632,8\ nm$) in Abhängigkeit vom Einfallswinkel.

Anzahl solcher beschichteter Prismenflächen im Strahlengang muss daher gering gehalten werden, da bei großen Intensitätseinbußen der Kontrast des Interferometersignals sinkt. Dem kann entgegengewirkt werden, indem die Intensität des Referenzstrahls um denselben Betrag abgesenkt wird. Das erhöht zwar den Kontrast, verringert aber die Signalstärke insgesamt, was eine größere Verstärkung erfordert und daher stärkeres Rauschen mit sich bringt.

5.4 Polarisationsänderung durch Umlenkelemente

Mit Hilfe der in Abschnitt 5.3 aufgeführten Formeln lässt sich vorhersagen, wie ein Umlenkelement die Polarisation im Messarm eines Interferometers beeinflusst. Dabei ist die Beschreibung von statischen wie dynamischen Fehlern möglich. Da eine Translation keinen Einfluss auf die Einfallswinkel des Lichtes auf die einzelnen Grenzflächen hat, verursacht sie unter Annahme ideal ebener Flächen auch keine Veränderung der Polarisation. Dynamische Veränderungen der Polarisation werden damit nur durch Rotationen des Umlenkelementes bewirkt. Aufgrund der Nichtlinearität lässt sich keine allgemeine Aussage über das Verhalten der Polarisation beim Durchlaufen eines Umlenkelementes treffen. Daher soll die Simulation einer Beispielanordnung zur Veranschaulichung möglicher Effekte dienen.

Als Beispielelement wird ein Halbwürfelprisma mit zwei Reflexionen gewählt (Abb. 5.5). Es lenkt den Strahl um 180° ab. Anschließend wird er von einem Planspiegel in sich reflektiert und zum Interferometerkopf zurückgeworfen. Die Polarisation des zurückkehrenden Lichtes wird untersucht. Zusätzlich wird das Prisma leicht um eine Achse gedreht und die Änderung der Polarisation beobachtet, um die Auswirkung dynamischer Fehler festzustellen. Als Drehachsen werden hier die x- und y-Achse gewählt. Abb. 5.6 fasst die Ergebnisse für ein unbeschichtetes Prisma zusammen.

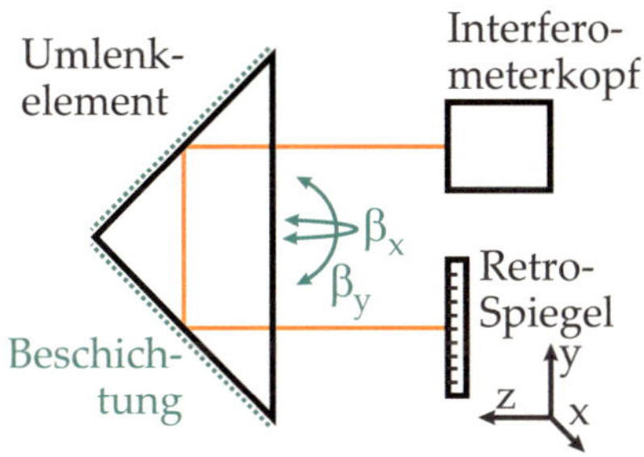

Abb. 5.5: Beispielanordnung zur Untersuchung dynamischer Polarisationseinflüsse durch das Umlenkelement. Das Halbwürfelprisma (Glas N-BK7) wird jeweils um den Winkel β_x bzw. β_y um die x-Achse bzw. die y-Achse gedreht.

Die Intensität bleibt während der Drehung weitgehend konstant bei etwas weniger als 80% der Ausgangsintensität. Der Verlust ist durch Reflexionen an Ein- und Austrittsfläche zu erklären. Damit hat die ebenfalls konstante Amplitude keinen Einfluss auf den Kontrastverlauf. Es ist daher zu beobachten, dass der Signalkontrast dem Verlauf der Elliptizität folgt (vgl. Abschnitt 5.1). Bei 0° Verdrehung befindet sich das Prisma in idealer Gebrauchslage mit senkrechtem Lichteinfall auf die Ein- und Austrittsfläche. In dieser Position weist der Kontrast ein Minimum auf. Er liegt mit 0.32 deutlich unter der Schwelle von 0.7. Damit ist das Signal nicht auswertbar. Mit steigendem Drehwinkel um die x-Achse steigt der Kontrast. Der Grund ist die Elliptizität von unter $-30°$, was einer stark bauchigen, linksdrehenden Ellipse entspricht. Wie Abb. 5.1 zu entnehmen ist, folgt daraus ein sehr geringer Kontrast aber gleichzeitig ein steiler Anstieg des Kontrastverlaufs. Deshalb führt eine geringe Vergrößerung des Elliptizitätswinkels zu einer merklichen Kontrastverbesserung. Allerdings genügt das auch bei größeren Drehwinkeln nicht, um ein auswertbares Signal zu erhalten, sodass generell eine Korrektur notwendig ist. Eine Drehung um die y-Achse hat fast gar keine Auswirkung auf Elliptizität und Kontrast.

Der Azimutwinkel zeigt ein entgegengesetztes Verhalten. Während er bei Drehung um die x-Achse fast unverändert bleibt, ist eine annähernd

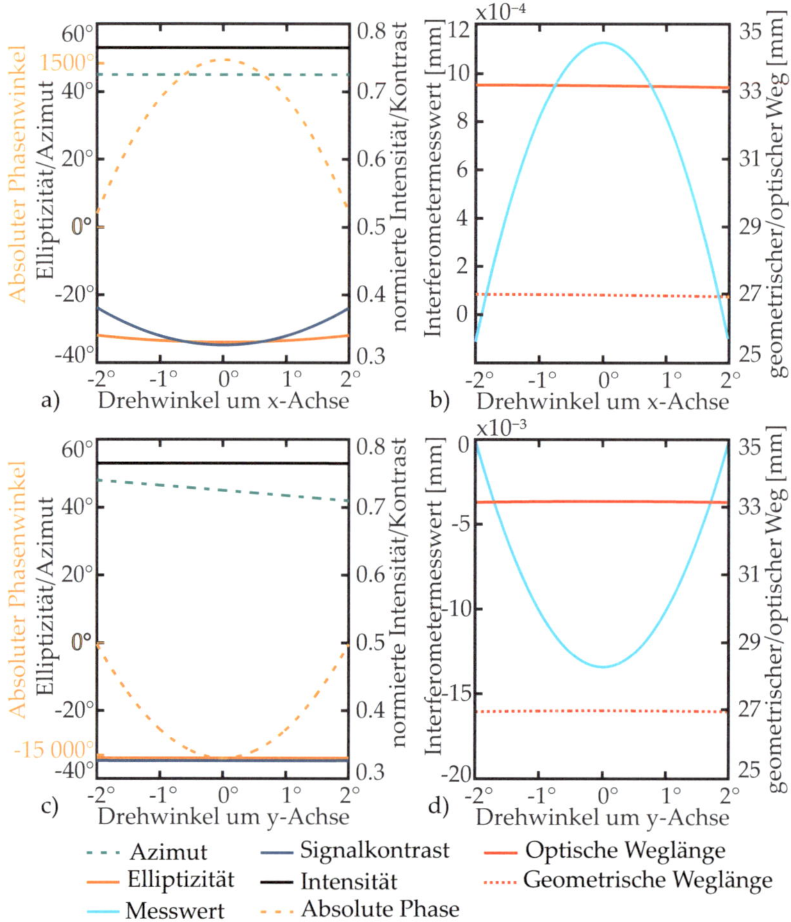

Abb. 5.6: Unbeschichtetes Prisma: Veränderung der Polarisation bei leichter Verdrehung des Umlenkelementes aus Abb. 5.12 um a) + b) die x-Achse sowie c) + d) die y-Achse. a) + c) Amplitude, Elliptizität, Azimut und absoluter Phasenwinkel des zum Interferometerkopf zurückkehrenden Lichtes sowie Signalkontrast über Verdrehwinkel. Es ist die Skalierung des absoluten Phasenwinkels zu beachten, die aufgrund seiner sehr großen Werte von der der übrigen Winkel abweicht. b) + d) Interferometermesswert, optischer und geometrischer Weg über Verdrehwinkel.

lineare Änderung bei Drehung um die y-Achse zu beobachten. Der Grund hierfür ist die Änderung der Einfallswinkel auf die reflektierenden Flächen bei der Verlagerung. Der Messwert des Interferometers folgt dieser Charakteristik allerdings nicht, da der Einfluss der entstehenden Phasenverschiebung deutlich größer ist. Die relativ kleine Azimutwinkeländerung verzerrt die von der Phase geprägte Kurvenform kaum merklich. Die Hauptursache der Phasenverschiebung ist nicht die sich leicht ändernde optische Weglänge. Deren Variation ist im Diagramm kaum erkennbar. Die Phasenverschiebung rührt von der Änderung der Polarisation her und würde selbst bei Vernachlässigung der optischen Wegdifferenz große Änderungen über den Verdrehwinkel aufweisen. Diese Änderungen sind so groß, dass die Phase im Diagramm eine eigene Skalierung benötigt, um sie neben den anderen Kurven darstellen zu können. Diese besonders starke Sensitivität ist sehr nachteilig für den Einsatz als Umlenkelement im interferometrischen Strahlengang. Sie bedeutet, dass leichte Verdrehungen des Elementes den Messwert stark verfälschen, selbst wenn damit keine optische Weglängenänderung einhergeht. Für ein solches Element ist die Änderung der Drehlage während der Messung bestmöglich zu unterbinden oder zu überwachen und zu korrigieren, um einen verlässlichen Messwert zu erhalten.

Die Trennbarkeit von Azimut- und Elliptizitätsänderung nach zwei senkrecht aufeinander stehenden Drehachsen ist nicht in jedem Fall gegeben, sondern eine spezielle Charakteristik dieses Beispiels. Drehungen um andere Achsen in der xy-Ebene zeigen eine Überlagerung der beschriebenen Effekte, sodass Azimut und Elliptizität gleichzeitig, aber weniger stark verändert werden. Die x- und y-Achse stellen in diesem Beispiel Extremdrehachsen dar.

Um den Einfluss von metallischen Beschichtungen auf den Prismenflächen vergleichen zu können, stellen Abb. 5.7, 5.8 und 5.9 das gleiche Prisma bei gleichen Verlagerungen dar wie Abb. 5.6. Die Katheten des Halbwürfelprismas werden für diese Simulation als mit Aluminium (Abb. 5.7), Silber (Abb. 5.8) sowie Gold (Abb. 5.9) beschichtet angenommen. Auf die Darstellung von Phase, optischer und geometrischer

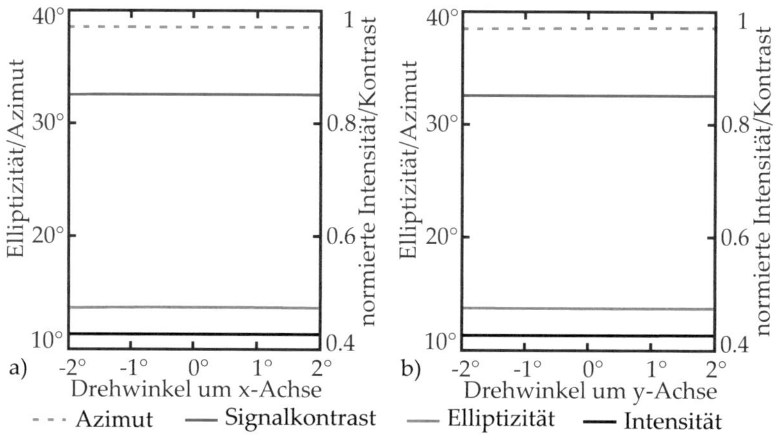

Abb. 5.7: Analoge Darstellung der dynamischen Polarisationsänderungen zu Abb. 5.6 bei leichter Verdrehung des Prismas um die a) x- sowie b) y-Achse, Katheten beschichtet mit Aluminium.

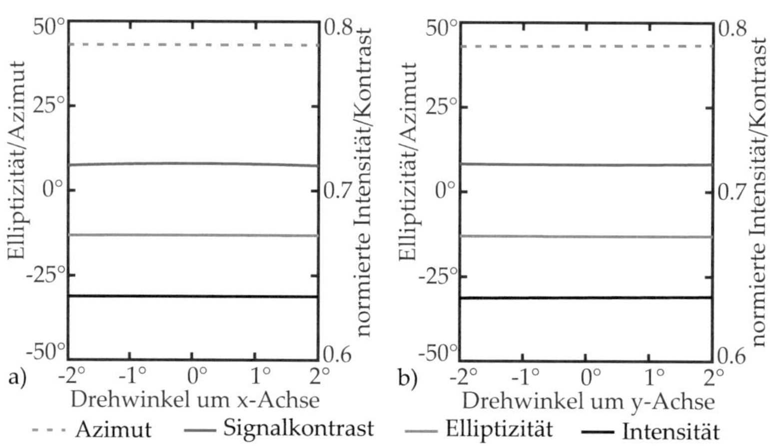

Abb. 5.8: Analoge Darstellung der dynamischen Polarisationsänderungen zu Abb. 5.6 bei leichter Verdrehung des Prismas um die a) x- sowie b) y-Achse, Katheten beschichtet mit Silber.

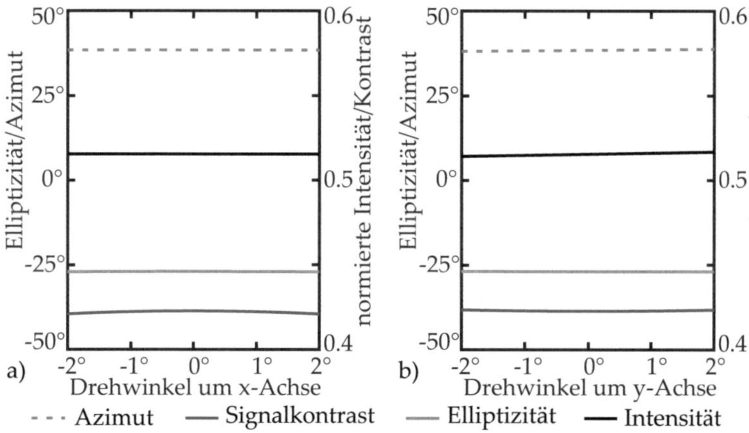

Abb. 5.9: Analoge Darstellung der dynamischen Polarisationsänderungen zu Abb. 5.6 bei leichter Verdrehung des Prismas um die a) x- sowie b) y-Achse, Katheten beschichtet mit Gold.

Weglänge sowie Interferometermesswert wurde in diesen Grafiken verzichtet, da sich kein signifikanter Unterschied zu Abb. 5.6 ergibt.

Die drei Metalle zeigen in den Kurvenformen nur geringe Unterschiede. Für die Verwendung in interferometrischen Aufbauten ist von Vorteil, dass über den dargestellten Verdrehwinkel keine großen Änderungen zu beobachten sind. Der Absolutwert der Größen ist dagegen deutlich verschieden. Während der Kontrast bei Gold nur knapp über 40% liegt und das Signal somit nicht auswertbar ist, liefert Silber mit über 70% einen verlässlichen Signalkontrast. Aluminium ist mit über 80% noch besser geeignet trotz der relativ geringen Intensität von nur etwas mehr als 0.4. Damit liegt der Wert nur knapp über der Schwelle von 0.36 (Quadrat der Amplitude 0.6), die laut Abb. 5.1 für einen Kontrast von über 70% erforderlich ist. Der ausschlaggebende Faktor ist in diesem Fall der Elliptizitätswinkel. Bei Aluminium ist er positiv, d.h. rechtsdrehend, während er bei Gold und Silber negativ und damit linksdrehend ist. Dieses Beispiel verdeutlicht, dass eine Umkehr der Drehrichtung einen viel größeren Einfluss auf den Kontrast hat als die Intensität. Die geringen Änderungen der Größen zeigen, dass die Beschichtungen gegenüber Verdrehungen des Prismas unempfindlich reagieren. Die große Sensitivität des absoluten Phasenwinkels bleibt jedoch wie schon beim unbeschichteten Prisma bestehen.

5.5 Optisch anisotrope Medien

Um die Polarisation bewusst zu beeinflussen und so den Effekten der Umlenkelemente entgegenwirken zu können, ist unter anderem die Verwendung von Verzögerungsplatten möglich. Diese bestehen aus optisch anisotropen Materialien und beeinflussen das Licht abhängig von der einfallenden Polarisation. Bevor der Einsatz solcher Elemente diskutiert wird, geht der folgende Abschnitt zunächst auf die mathematische Beschreibung ein.

Optisch anisotrope Werkstoffe wie beispielsweise Kristalle weisen aufgrund ihrer Molekularstruktur richtungsabhängig unterschiedlich große Brechzahlen auf. Ein zweiachsiger Kristall besitzt drei voneinander verschiedene Hauptbrechzahlen, die in drei zueinander senkrechten Richtungen vorliegen. Bei einachsigen Kristallen sind zwei der drei Hauptbrechzahlen identisch und werden als ordentliche Brechzahl N_o bezeichnet. Die dritte ist die außerordentliche Brechzahl N_e. Dadurch wirken auf eine einfallende Lichtwelle abhängig von ihrer Polarisation und ihrem Einfallswinkel unterschiedliche Brechzahlen, was zu unterschiedlichem Verhalten führt. Dieser Effekt wird als Doppelbrechung bezeichnet, da im Allgemeinen zwei Strahlen auftreten, ein ordentlicher und ein außerordentlicher, die sich in unterschiedliche Richtungen ausbreiten.

Breitet sich eine Lichtwelle in einem anisotropen Kristall aus, so sind Schwingungen des elektrischen Feldes nur in zwei ausgezeichneten, zueinander senkrechten Richtungen möglich. Alle anderen Polarisationen werden in diese Komponenten zerlegt. Das Licht spaltet sich in zwei Teilwellen auf, wovon jede eine der möglichen Polarisationsrichtungen annimmt. Aufgrund der unterschiedlichen Brechzahlen unterscheiden sich die Ausbreitungsgeschwindigkeiten der Komponenten, was abhängig vom zurückgelegten Weg zu einem Phasenversatz führt. Nach diesem Prinzip arbeiten beispielsweise $\lambda/4$-Platten.

In einem doppelbrechenden Kristall existieren eine bzw. zwei Richtungen, entlang derer sich das Licht polarisationsunabhängig verhält. Sie werden als optische Achsen bezeichnet. Bei einachsigen Kristallen liegt die optische Achse in Richtung der außerordentlichen Brechzahl, was bei negativ einachsigen Kristallen ($N_e - N_o < 0$) die x_K-Achse und bei positiv einachsigen Kristallen ($N_e - N_o > 0$) die z_K-Achse ist. Bei zweiachsigen Kristallen finden sich beide optischen Achsen in der $x_K z_K$-Ebene symmetrisch zur z_K-Achse.

Die unterschiedlichen Brechzahlen führen dazu, dass im Kristall die Normale der Wellenfronten (Wellenvektor $\boldsymbol{k}$) nicht mehr parallel zur Energieausbreitungsrichtung (Poynting-Vektor $\boldsymbol{S}$) ist. Die elektrische Verschiebung $\boldsymbol{D}$, die magnetische Feldstärke $\boldsymbol{H}$ und die Wellenfrontnormale $\boldsymbol{k}$ bilden ein Vektortripel aus drei stets zueinander senkrechten Richtungen. Ebenso sind die elektrische Feldstärke $\boldsymbol{E}$, die magnetische Flussdichte $\boldsymbol{B}$ und die Energieausbreitung $\boldsymbol{S}$ stets senkrecht zueinander. In isotropen Materialien sind die Einheitsvektoren $\mathfrak{d}$ und $\mathfrak{e}$, $\mathfrak{h}$ und $\mathfrak{b}$ sowie $\mathfrak{s}$ und $\boldsymbol{s}$ jeweils parallel. In Kristallen gilt dies nur noch für die beiden magnetischen Größen, wenn von dielektrischen Werkstoffen ausgegangen wird, d.h. die magnetische Permeabilität $\mu_R = 1$ isotrop ist. Die übrigen vier Vektoren liegen in derselben Ebene. $\mathfrak{s}$ und $\boldsymbol{s}$ schließen dabei denselben Winkel ein wie $\mathfrak{e}$ und $\mathfrak{d}$. Die elektrische Permittivitätskonstante ϵ_R wird zu einem Tensor. Im Kristallkoordinatensystem nimmt er die Form einer Diagonalmatrix an (Gleichung 5.15).

$$\boldsymbol{\epsilon_R} = \begin{bmatrix} \epsilon_{R1} & 0 & 0 \\ 0 & \epsilon_{R2} & 0 \\ 0 & 0 & \epsilon_{R3} \end{bmatrix} = \begin{bmatrix} N_1^2 & 0 & 0 \\ 0 & N_2^2 & 0 \\ 0 & 0 & N_3^2 \end{bmatrix} \tag{5.15}$$

5.5.1 Konstruktionsflächen und abgeleitete Flächen

An Grenzflächen zwischen Medien, von denen wenigstens eines doppelbrechend ist, gelten das klassische Brechungs- und Reflexionsgesetz

(Gleichungen 2.2 und 2.1) nicht mehr, da mehrere Brechzahlen zu berücksichtigen sind. Die wirksamen Brechzahlen und daher Reflexions- und Brechungswinkel hängen von der Polarisation und Einfallsrichtung des Lichtes sowie der Orientierung des Kristalls ab. Um sie zu ermitteln, verwendet man Konstruktionsflächen und daraus abgeleitete Flächen [Kon28, S. 662-668]. Das Indexellipsoid ist eine solche Konstruktionsfläche. Es hat in Kristallkoordinaten die Gleichung

$$0 = \frac{x_K^2}{N_1^2} + \frac{y_K^2}{N_2^2} + \frac{z_K^2}{N_3^2} - 1 = \boldsymbol{X_K^T N_I X_K} - 1 \tag{5.16}$$

mit

$$\boldsymbol{N_I} = \begin{bmatrix} \frac{1}{N_1^2} & 0 & 0 \\ 0 & \frac{1}{N_2^2} & 0 \\ 0 & 0 & \frac{1}{N_3^2} \end{bmatrix} \tag{5.17}$$

und stellt die richtungsabhängige Brechzahl dar. Abb. 5.10 zeigt ein Indexellipsoid für einen zweiachsigen und einen positiv einachsigen Kristall. Seine Halbachsen entsprechen den Hauptbrechzahlen des Mediums. Es ist nützlich zur Veranschaulichung und Bestimmung der wirksamen Brechzahlen und Schwingungsrichtungen im Kristall bei bekannter Ausrichtung der Wellenfronten. Legt man eine Schnittfläche entlang der Wellenfronten (senkrecht zu $\boldsymbol{s_K}$) hinein, ergibt sich eine Ellipse, deren Halbachsen die beiden Schwingungsrichtungen $\mathfrak{d}_1$ und $\mathfrak{d}_2$ repräsentieren, die eine entsprechende Welle im Kristall annehmen kann. Die Längen der Halbachsen geben die zugehörigen wirksamen Brechzahlen N_{eff1} und N_{eff2} wieder. Legt man in den Endpunkt einer dieser Halbachsen eine Tangentialebene an das Indexellipsoid, so gibt die Richtung vom Berührungspunkt zu ihrem Fußpunkt die Ausbreitungsrichtung $\mathfrak{s}$ an. Die Strecke zwischen Nullpunkt und Fußpunkt der Tangentialebene ist der sogenannte Strahlenindex s_{eff1} bzw. s_{eff2} der zugehörigen Polarisation. Dieser beschreibt die Ausbreitungs-, Strahlen- oder auch Energietransportgeschwindigkeit c_s der Welle entlang des

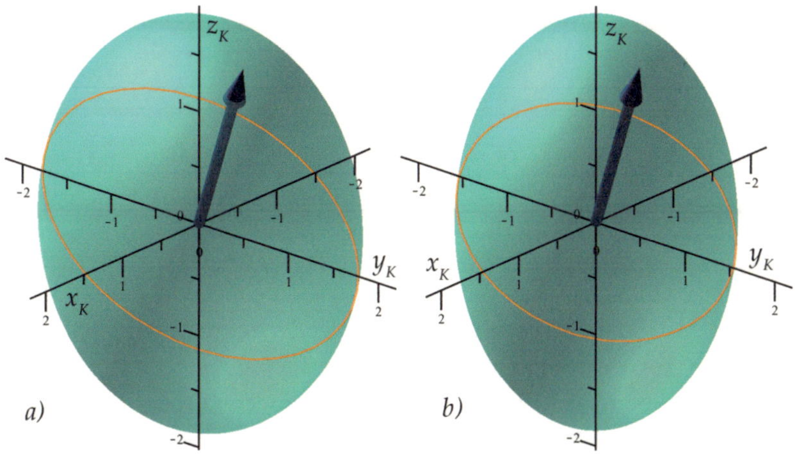

Abb. 5.10: Indexellipsoid eines a) zweiachsigen und b) positiv einachsigen Kristalls. Die eingetragene Ellipse ist die Schnittfigur mit der Wellenfront senkrecht zum Wellennormalenvektor $\boldsymbol{s}_K$. Ihre Halbachsen zeigen die möglichen Schwingungsrichtungen $\mathfrak{d}_K$ der Welle und deren Beträge die zugehörigen wirksamen Brechzahlen an.

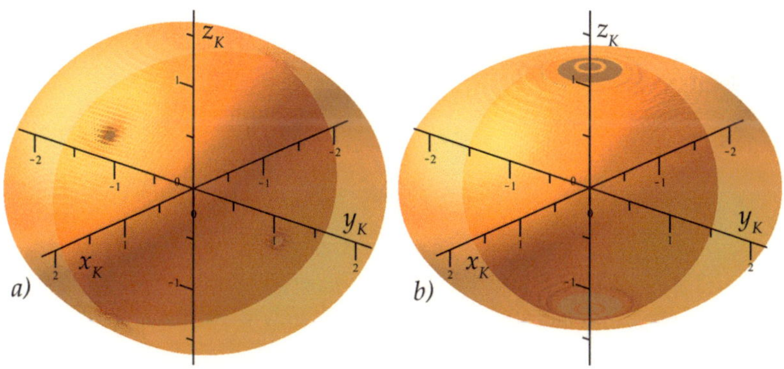

Abb. 5.11: Indexfläche des a) zweiachsigen und b) positiv einachsigen Kristalls aus Abb. 5.10. Deutlich erkennbar sind die Berührungspunkte der inneren und äußeren Schale, durch welche die optischen Achsen verlaufen.

Poynting-Vektors, was auch als Gruppengeschwindigkeit bezeichnet wird. Er ist in Analogie zum Brechungsindex definiert als

$$s = \frac{c_S}{c_0} \tag{5.18}$$

Das Fresnel'sche Ellipsoid ist die inverse Fläche zum Indexellipsoid:

$$0 = N_1^2 x_K^2 + N_2^2 y_K^2 + N_3^2 z_K^2 - 1 = \boldsymbol{X_K^T \epsilon_R X_K} - 1 \tag{5.19}$$

Analog erhält man hier in den Halbachsen der Schnittfläche senkrecht zu $\mathfrak{s}_K$ die Richtungen $\mathfrak{e}_1$ und $\mathfrak{e}_2$ und die Längen $\frac{1}{s_{eff1}}$ und $\frac{1}{s_{eff2}}$. Die Strecke vom Nullpunkt zum Fußpunkt der Tangentialebene an die Endpunkte der Halbachsen beschreibt die Länge $\frac{1}{N_{eff1}}$ bzw. $\frac{1}{N_{eff2}}$. Die Richtung vom Berührungs- zum Fußpunkt entspricht der Wellennormalen $\boldsymbol{s_K}$.

Um die Vorgänge bei Brechung und Reflexion an einer anisotropen Grenzfläche anschaulich zu beschreiben und die Wellenvektoren zu ermitteln, bietet sich die Indexfläche an [Lie85]. Sie ist eine zweischalige Fläche vierter Ordnung, die sich aus dem Indexellipsoid ableiten lässt (Abb. 5.11). Dazu trägt man entlang aller möglicher Richtungen $\boldsymbol{s_K}$ die beiden zugehörigen Strecken der Länge N_{eff1} und N_{eff2} ab. Man erhält in Kristallkoordinaten die Gleichung

$$\begin{aligned} 0 = \; & (x_K^2 + y_K^2 + z_K^2)(N_1^2 x_K^2 + N_2^2 y_K^2 + N_3^2 z_K^2) \\ & - [N_1^2(N_2^2 + N_3^2)x_K^2 + N_2^2(N_1^2 + N_3^2)y_K^2 + N_3^2(N_1^2 + N_2^2)z_K^2] \\ & + N_1^2 N_2^2 N_3^2 \\ = \; & \boldsymbol{X_K^T \epsilon_R X_K X_K^T X_K} - \boldsymbol{X_K^T N^* X_K} + \mathrm{Det}(\boldsymbol{\epsilon_R}) \end{aligned} \tag{5.20}$$

mit

$$\boldsymbol{N^*} = \mathrm{Spur}(\boldsymbol{\epsilon_R})\boldsymbol{\epsilon_R} - \boldsymbol{\epsilon_R \epsilon_R}. \tag{5.21}$$

Durch Ermitteln der Schnittpunkte der Indexfläche mit einer Geraden in Richtung der (einfallenden) Wellennormale $\boldsymbol{s_K}$ lässt sich das Paar wirksamer Brechzahlen bestimmen:

$$N_{eff1/2} = \sqrt{\frac{\boldsymbol{s}_K^T \boldsymbol{N}^* \boldsymbol{s}_K \pm \sqrt{(\boldsymbol{s}_K^T \boldsymbol{N}^* \boldsymbol{s}_K)^2 - 4\mathrm{Det}(\boldsymbol{\epsilon_R}) \boldsymbol{s}_K^T \boldsymbol{\epsilon_R} \boldsymbol{s}_K}}{2\boldsymbol{s}_K^T \boldsymbol{\epsilon_R} \boldsymbol{s}_K}} \tag{5.22}$$

Zieht man von den gefundenen Punkten die Parallele zur Grenzflächennormale $\boldsymbol{n_K}$ und bringt diese zum Schnitt mit der Indexfläche, erhält man die Normalenrichtungen der beiden an einer Grenzfläche reflektierten Wellen. Die Strecken vom Nullpunkt zu den Schnittpunkten geben die zugehörigen Brechzahlen an. Rechnerisch setzt man also die Geradengleichung

$$g_{1/2} = N_{eff1/2} \cdot \boldsymbol{s_K} + t \cdot \boldsymbol{n_K} \tag{5.23}$$

in Gleichung 5.20 ein und erhält ein Polynom vierten Grades in t, das nach Berechnung der Koeffizienten numerisch gelöst werden kann.

$$\begin{aligned} 0 = \; & t^4 \quad [\boldsymbol{n}_K^T \boldsymbol{\epsilon_R} \boldsymbol{n}_K] \\ & + t^3 \quad [2N_{eff1/2}(\boldsymbol{s}_K^T \boldsymbol{\epsilon_R} \boldsymbol{n}_K + \boldsymbol{n}_K^T \boldsymbol{\epsilon_R} \boldsymbol{n}_K \boldsymbol{s}_K^T \boldsymbol{n}_K)] \\ & + t^2 \quad [N_{eff1/2}^2(\boldsymbol{s}_K^T \boldsymbol{\epsilon_R} \boldsymbol{s}_K + \boldsymbol{n}_K^T \boldsymbol{\epsilon_R} \boldsymbol{n}_K + 4\boldsymbol{s}_K^T \boldsymbol{\epsilon_R} \boldsymbol{n}_K \boldsymbol{s}_K^T \boldsymbol{n}_K) - \boldsymbol{n}_K^T \boldsymbol{N}^* \boldsymbol{n}_K] \\ & + t^1 \quad [2N_{eff1/2}^3(\boldsymbol{s}_K^T \boldsymbol{\epsilon_R} \boldsymbol{s}_K \boldsymbol{n}_K^T \boldsymbol{s}_K + \boldsymbol{s}_K^T \boldsymbol{\epsilon_R} \boldsymbol{n}_K) - 2N_{eff1/2} \boldsymbol{s}_K^T \boldsymbol{N}^* \boldsymbol{n}_K] \\ & + t^0 \quad [N_{eff1/2}^4(\boldsymbol{s}_K^T \boldsymbol{\epsilon_R} \boldsymbol{s}_K) - N_{eff1/2}^2 \boldsymbol{s}_K^T \boldsymbol{N}^* \boldsymbol{s}_K + \mathrm{Det}(\boldsymbol{\epsilon_R})] \end{aligned} \tag{5.24}$$

Diese Gleichung besitzt im Allgemeinen vier verschiedene Lösungen, wovon zwei die möglichen einfallenden Wellen darstellen, von denen nur eine existiert. Die übrigen entsprechen den reflektierten Wellen. Transformiert man $\boldsymbol{s}$ und $\boldsymbol{n}$ in das Kristallkoordinatensystem des zweiten Mediums jenseits der Grenzfläche und wiederholt die Berechnung mit $\boldsymbol{\epsilon_R}$ des zweiten Materials, erhält man weitere vier Lösungen. Zwei davon repräsentieren die gesuchten gebrochenen Wellen, die anderen beschreiben die an einer zur Grenzfläche parallelen Austrittsfläche reflektierten Wellen.

Die Strahlrichtungen zu den gebrochenen bzw. reflektierten Wellen erhält man (stets im Kristallkoordinatensystem des jeweiligen Mediums), indem man das Lot auf die Tangentialebene an die Indexfläche im zugehörigen Schnittpunkt fällt. Ist

$$\boldsymbol{P}_{\boldsymbol{K}(1-4)} = \begin{bmatrix} x_K \\ y_K \\ z_K \end{bmatrix} = N_{eff1/2} \cdot \boldsymbol{s}_{\boldsymbol{K}} + t_{(1-4)} \cdot \boldsymbol{n}_{\boldsymbol{K}} \tag{5.25}$$

der Schnittpunkt, so lautet die Strahlrichtung

$$\mathfrak{s}_{(1-4)} = 2(\boldsymbol{P}_{\boldsymbol{K}(1-4)}^{T} \epsilon_R \boldsymbol{P}_{\boldsymbol{K}(1-4)} \boldsymbol{I}_3 + \boldsymbol{P}_{\boldsymbol{K}(1-4)}^{T} \boldsymbol{P}_{\boldsymbol{K}(1-4)} \epsilon_R - \boldsymbol{N}^*) \boldsymbol{P}_{\boldsymbol{K}(1-4)}. \tag{5.26}$$

$\boldsymbol{I}_3$ ist dabei die 3x3 Einheitsmatrix. Die Strecke vom Nullpunkt zum Fußpunkt der jeweiligen Tangentialebene gibt den Strahlenindex s_{eff} an. So lassen sich für vier Lösungen in insgesamt zwei Medien acht Strahlrichtungen bestimmen. Im allgemeinen Fall, bei dem zwei zweiachsige Kristalle aneinander grenzen, existieren fünf dieser Wellen, wobei eine die einfallende Welle darstellt. Darüber hinaus gibt es zwei reflektierte und zwei gebrochene Wellen. Für die übrigen verschwindet die Amplitude. Bei Spezialfällen, z.B. einer besonderen Ausrichtung der Kristalle, einem einachsigen Kristall oder einem isotropen Medium, fallen einige der Lösungen zusammen, so dass sich die Anzahl der Teilwellen reduziert. Im allgemeinen Fall können die Poynting-Vektoren, nicht aber die Wellenfrontennormalen der Teilwellen die Einfallsebene verlassen.

Zur Bestimmung der Schwingungsrichtung $\mathfrak{d}_K$ wird das Indexellipsoid herangezogen, welches zum Schnitt mit der Wellenfrontebene gebracht wird. Die Schnittfigur ist eine Ellipse, deren Halbachsenrichtungen gefunden werden müssen, was mathematisch als Extremwertaufgabe formuliert werden kann. Der Vektor $\boldsymbol{X}_{\boldsymbol{K}}$ zeigt in der Schnittebene vom Ursprung zum Rand der Schnittfigur. Sein Betrag muss maximiert bzw. minimiert werden, wobei die Ergebnisse mit N_{eff1} und

N_{eff2} bereits bekannt sind und zur Kontrolle benutzt werden können.

Zielfunktion:

$f(\boldsymbol{X_K}) \quad = \boldsymbol{X_K^T X_K} \rightarrow \min/\max$ Betrag des Vektors $\boldsymbol{X_K}$

Nebenbedingung 1:

$0 \quad = \boldsymbol{X_K^T N_I X_K} - 1$ $\boldsymbol{X_K} \in$ Indexellipsoid

Nebenbedingung 2:

$0 \quad = \boldsymbol{X_K^T s_K}$ $\boldsymbol{X_K} \perp \boldsymbol{s_K}$

Dieses Problem lässt sich mit Hilfe des Lagrange-Verfahrens lösen [Bar01, S. 403]. Die Nebenbedingungen werden jeweils mit einem variablen Faktor multipliziert und auf die Zielfunktion addiert. Die so entstandene Lagrange-Funktion wird nach allen Variablen abgeleitet, inklusive der zuvor eingeführten. Löst man das resultierende Gleichungssystem, erhält man zwei Ergebnisse für die beiden eingeführten Faktoren

$$\begin{aligned} f_1 &= -N_{eff}^2 \\ f_2 &= \frac{2}{\sqrt{\frac{N_1^2 s_{Kx}^2}{(N_1^2 - N_{eff}^2)^2} + \frac{N_2^2 s_{Ky}^2}{(N_2^2 - N_{eff}^2)^2} + \frac{N_3^2 s_{Kz}^2}{(N_3^2 - N_{eff}^2)^2}}} \end{aligned} \tag{5.27}$$

und die gesuchten Richtungen

$$\mathfrak{d}_K = -\frac{f_2}{2} \cdot \begin{bmatrix} \frac{s_{Kx}}{1+\frac{f_1}{N_1^2}} \\ \frac{s_{Ky}}{1+\frac{f_1}{N_2^2}} \\ \frac{s_{Kz}}{1+\frac{f_1}{N_3^2}} \end{bmatrix} . \tag{5.28}$$

Um die Richtung der elektrischen Feldstärke zu erhalten, ist der anisotrope Charakter des Mediums zu berücksichtigen

$$\mathfrak{e}_K = \boldsymbol{\epsilon_K}^{-1} \mathfrak{d}_K, \tag{5.29}$$

wobei es nötig ist, den Vektor zu normieren. Die ebenfalls zu normierende Richtung des magnetischen Feldes ergibt sich daraus zu

$$\mathfrak{h} = N_{eff}\, \boldsymbol{s} \times \mathfrak{e}. \tag{5.30}$$

Zur Bestimmung der Amplituden und Phasen der einzelnen Teilwellen werden die verallgemeinerten Fresnel'schen Formeln verwendet [MHC93]. Sie leiten sich aus den Randbedingungen zu den Maxwell'schen Formeln her. Diese besagen, dass die Normalkomponenten des D- und B-Feldes sowie die Tangentialkomponenten des E- und H-Feldes die Grenzfläche stetig durchsetzen. Daher werden zwei Vektoren benötigt, um diese Komponenten zu berechnen.

$$\boldsymbol{m}_p = \boldsymbol{s} \times \boldsymbol{n} \tag{5.31}$$

$$\boldsymbol{m}_s = \boldsymbol{n} \times \boldsymbol{m}_p \tag{5.32}$$

$\boldsymbol{m}_p$ liegt in der Fläche und zeigt in y-Richtung des Flächenkoordinatensystems, während $\boldsymbol{m}_s$ senkrecht auf der Fläche steht und in z-Richtung des Flächenkoordinatensystems weist. Ein Skalarprodukt der Richtungseinheitsvektoren für E- und H-Feld mit diesen beiden ergibt die Komponente des Feldes in jeweiliger Richtung. Über den Zusammenhang zwischen D- und E-Feld sowie B- und H-Feld lässt sich das Gleichungssystem überführen, so dass nur noch $\mathfrak{e}$ und $\mathfrak{h}$ benötigt werden. Die Komponenten der reflektierten (Index r) und transmittierten Strahlen (Index t) werden in der Fresnel-Matrix zusammengefasst:

$$\boldsymbol{F} = \begin{bmatrix} \boldsymbol{m}_p \mathfrak{e}_{t1} & \boldsymbol{m}_p \mathfrak{e}_{t2} & -\boldsymbol{m}_p \mathfrak{e}_{r1} & -\boldsymbol{m}_p \mathfrak{e}_{r2} \\ \boldsymbol{m}_s \mathfrak{e}_{t1} & \boldsymbol{m}_s \mathfrak{e}_{t2} & -\boldsymbol{m}_s \mathfrak{e}_{r1} & -\boldsymbol{m}_s \mathfrak{e}_{r2} \\ \boldsymbol{m}_p \mathfrak{h}_{t1} & \boldsymbol{m}_p \mathfrak{h}_{t2} & -\boldsymbol{m}_p \mathfrak{h}_{r1} & -\boldsymbol{m}_p \mathfrak{h}_{r2} \\ \boldsymbol{m}_s \mathfrak{h}_{t1} & \boldsymbol{m}_s \mathfrak{h}_{t2} & -\boldsymbol{m}_s \mathfrak{h}_{r1} & -\boldsymbol{m}_s \mathfrak{h}_{r2} \end{bmatrix} \tag{5.33}$$

Damit können die Amplituden wie folgt mit Hilfe der einfallenden E- und H-Felder (Index i) beschrieben werden:

$$\begin{bmatrix} A_{t1} \\ A_{t2} \\ A_{r1} \\ A_{r2} \end{bmatrix} = \boldsymbol{F}^{-1} \begin{bmatrix} \boldsymbol{m}_p \mathfrak{e}_i \\ \boldsymbol{m}_s \mathfrak{e}_i \\ \boldsymbol{m}_p \mathfrak{h}_i \\ \boldsymbol{m}_s \mathfrak{h}_i \end{bmatrix} \tag{5.34}$$

5.6 Kompensation der Polarisationsdrehung von Umlenkelementen

Wie bereits gezeigt (Abschnitt 5.1), können Umlenkelemente die Polarisation derart beeinflussen, dass das Messsignal des Interferometers verloren geht. Dies muss korrigiert werden, bevor eine Messung möglich ist. Zur Korrektur sind verschiedene Möglichkeiten denkbar, die die unterschiedlichen physikalischen Effekte der Polarisationsbeeinflussung nutzen.

Eine Reflexion des Strahls an einer stark polarisationsdrehenden Oberfläche ist eine Möglichkeit der Kompensation. Dafür ist eine metallische Oberfläche oder eine Fläche mit Totalreflexion notwendig, da nur bei komplexem Brechungsindex bzw. Brechungswinkel eine signifikante Änderung der Polarisationsform zu erwarten ist (siehe Abschnitt 5.3). Die Art und Größe der Veränderung ist abhängig vom Material, d.h. dessen Brechzahl sowie vom Einfallswinkel. Auf diese Weise ist keine beliebige Korrektur erreichbar, da die Auswahl von Materialien und Winkeln begrenzt ist. Die Winkeländerung durch die zusätzliche Reflexion des Strahls muss beim Design des Umlenkelementes berücksichtigt werden. Diese verändert außerdem die Anzahl der Spiegelflächen und damit das Übertragungsverhalten bezüglich Parallelversatz und optischer Weglänge sowie die Lage von Invarianzachsen für diese Größen. Das schränkt den Nutzen dieser Methode stark ein.

Der geschickte Einsatz von Polarisatoren kann den Kontrast verbessern, wenngleich sich damit keine ideale Signalqualität erreichen lässt.

Besonders hilfreich ist der Einsatz von Polarisatoren in komplanaren Systemen, da hier die Einfallsebenen aller Spiegelflächen parallel zueinander sind. Richtet man einen linearen Polarisator so aus, dass die verbleibende Polarisation parallel oder senkrecht zu den Einfallsebenen steht, so wird ihre Elliptizität beim Durchlaufen der Spiegelfolge nicht beeinflusst. Die gesamte Intensität liegt damit entweder in der s- oder der p-Komponente vor. Ein Überkoppeln von der einen in die andere Komponente ist in komplanaren Systemen ausgeschlossen, da die Einfallsebenen identisch sind. Die Polarisation bleibt damit auch nach dem Durchlauf des Umlenkelementes linear.

Bei Interferometern, die eine zirkulare Polarisation verwenden, wie in dieser Arbeit vorausgesetzt, liefert eine lineare Polarisation einen reduzierten Kontrast. Dieser ist jedoch deutlich größer als im Fall von elliptischer Polarisation mit entgegengesetztem Drehsinn. Zusätzlich wird durch den Polarisator der orthogonale Anteil der Amplitude ausgelöscht, was in diesem Fall einer Reduzierung der Intensität um 50% entspricht. Das schwächt den Kontrast weiter. Solange jedoch mindestens 35% der Ausgangsintensität zurück zur Auswertung gelangen, bleibt der Kontrast über der Schwelle von 70%.

In nicht-komplanaren Systemen ist für jeden Einzelfall zu prüfen, ob eine Stellung für den Polarisator existiert, die eine Kontrastverbesserung bewirkt, da die Einfallsebenen hier beliebige Lagen zueinander einnehmen. Die Positionierung des Polarisators vor, hinter oder zwischen den Spiegeln des Systems kann zudem unterschiedliche Ergebnisse liefern und ist zu beachten.

Weitere polarisationsbeeinflussende Elemente sind Phasenplatten. Sie bestehen aus einem doppelbrechenden Material, dessen optische Achse senkrecht zur Lichtrichtung steht [Bro98]. Bei senkrechtem Einfall zerfällt das Licht beim Durchlauf nicht in zwei Strahlen, da ordentlicher und außerordentlicher Strahl dieselbe Ausbreitungsrichtung haben. Zwischen Ihnen entsteht jedoch ein Phasenversatz aufgrund der unterschiedlichen Ausbreitungsgeschwindigkeiten, weshalb man auch von „schneller“ und „langsamer“ Achse spricht. Beim Verlassen des Materials interferieren die beiden Teilstrahlen und addieren sich zu einer veränderten Polarisation abhängig von der Dicke der Platte und

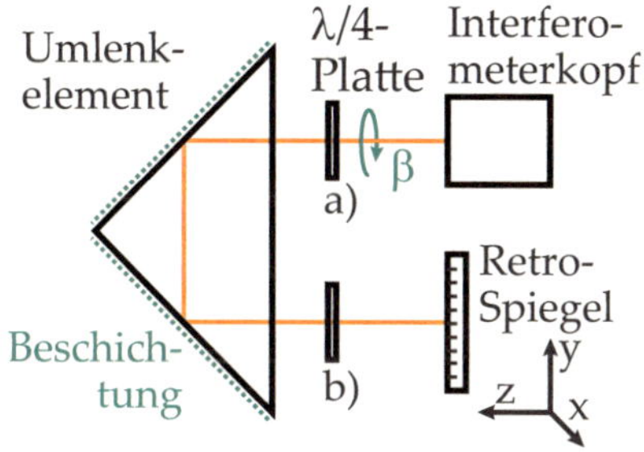

Abb. 5.12: Anordnung zur Kompensation der Polarisationsdrehung mit Hilfe einer $\lambda/4$-Platte a) vor dem Prisma und b) hinter dem Prisma. Zur Untersuchung aller möglicher Drehlagen wird die $\lambda/4$-Platte um die Lichtrichtung gedreht.

dem damit verbundenen Phasenversatz. Auf diese Weise kann eine Phasenplatte abhängig von ihrer Drehlage im Strahl unterschiedliche Polarisationen hervorbringen. Allerdings sind auch hier nicht beliebige Veränderungen möglich. Das Ergebnis ist von der Eingangspolarisation abhängig. Zudem muss die Phasenplatte doppelt durchlaufen werden, wobei die Effekte von Hin- und Rückweg nicht getrennt beeinflusst werden können. Damit ist die Änderung der Polarisation sehr stark abhängig von der Position der Phasenplatte im Strahlengang. Eine Ausnahme bilden Interferometer mit Tripelspiegeln bzw. -prismen als Reflektoren. Diese erzeugen einen lateralen Versatz zwischen hin- und rücklaufendem Strahl von einigen Millimetern. In dieser Anordnung ist es möglich, eine oder mehrere Phasenplatten so anzubringen, dass sie nur in einer der beiden Richtungen wirksam sind.

Um den Einfluss von Phasenplatten an verschiedenen Positionen im Strahlengang zu verdeutlichen, wird noch einmal die Anordnung mit einem Halbwürfelprisma verwendet, die schon zur Untersuchung der dynamischen Fehler bei Verdrehung benutzt wurde (Abb. 5.12). Als zusätzliches Kompensationselement ist eine $\lambda/4$-Platte a) vor oder b) hinter dem Prisma eingefügt. Abb. 5.13 zeigt die Eigenschaften des zum Interferometerkopf zurückkehrenden Lichtes für alle möglichen Drehlagen der $\lambda/4$-Platte. Untersucht werden Azimut, Elliptizität, absoluter

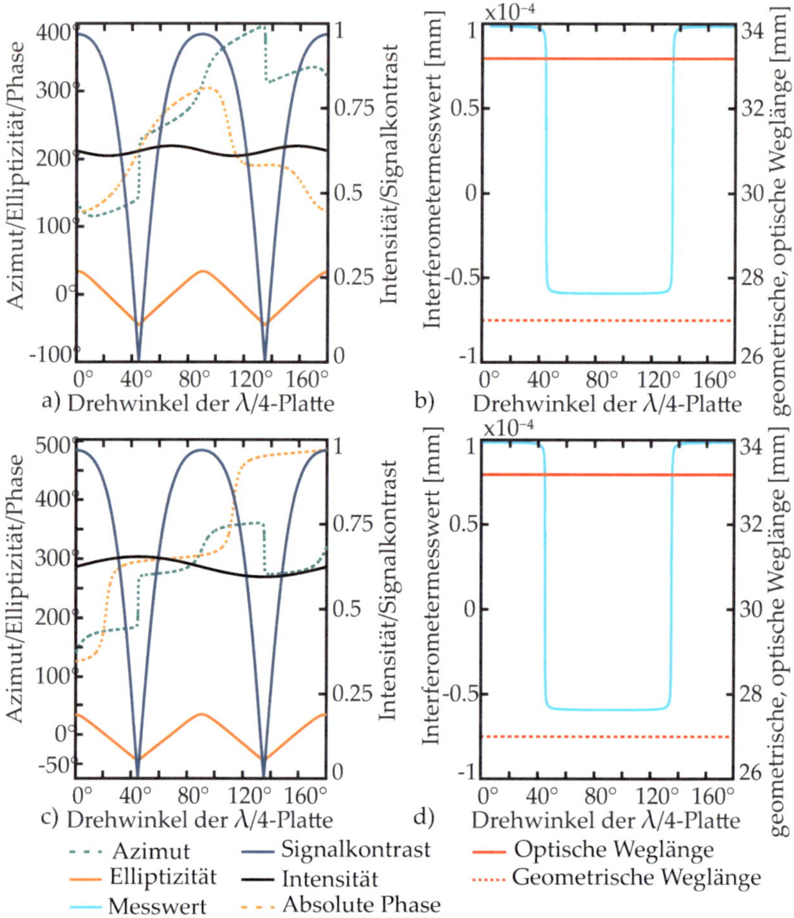

Abb. 5.13: Kompensation der Polarisationseffekte durch eine $\lambda/4$-Platte für ein unbeschichtetes Prisma a) + b) vor und c) + d) hinter dem Umlenkelement. Anordnung entsprechend Abb. 5.12. Dargestellt ist die Veränderung von a) + c) Azimut, Elliptizität, absoluter Phase, Intensität und Signalkontrast sowie b) + d) Messwert, optischer und geometrischer Weglänge über eine Drehung β der $\lambda/4$-Platte um 180°.

Phasenwinkel, Signalkontrast und Intensität in den linken beiden Grafiken und Messwert sowie optischer und geometrischer Weg rechts. Die oberen beiden Graphen zeigen die $\lambda/4$-Platte vom Interferometer aus gesehen vor dem Prisma angeordnet (Abb. 5.12a), die unteren dahinter (Abb. 5.12b).

Die Unterschiede sind besonders in der Phase deutlich. Im ersten Fall der $\lambda/4$-Platte vor dem Umlenkelement steigt die Kurve um etwa 180°, kehrt aber auf den Anfangswert zurück. Liegt die $\lambda/4$-Platte hinter dem Umlenkelement, steigt die Phase um 360°. Dabei wechseln sich steile Anstiege mit flachen Plateaus ab. Das ist auch beim Azimut der Fall. Der Messwert wird von der Differenz dieser zwei bestimmt. Er ergibt trotz der unterschiedlichen Einzelkurven in beiden Fällen den gleichen topfförmigen Verlauf. Die zwei steilen Flanken sind als Arbeitspunkte in jedem Fall zu vermeiden, da hier sehr kleine Verlagerungen des Kompensationselementes einen großen Einfluss auf den Messwert haben. Sie fallen genau mit den Minima der Kontrastkurve zusammen und kommen daher ohnehin nicht als Arbeitspunkte infrage. Die gewünschten Punkte des maximalen Kontrastes liegen auf den Plateaus der Messwertkurve und sind daher zur Kompensation gut geeignet. Die Ursache für die großen Kontraständerungen ist die starke Schwankung der Elliptizität. In diesem Beispiel kann fast jeder Elliptizitätswert zwischen $-45°$ und $+45°$ erreicht werden. Eine Kompensation ist damit möglich. Die geringen Intensitätsschwankungen sind dabei nicht von Bedeutung.

Der Effekt eines Kompensationselements bei einem beschichteten Prisma ist in Abb. 5.14 dargestellt. Von den drei zuvor diskutierten Metallen erfordert nur Gold eine Kompensation der Polarisation (Abb. 5.14 c + d), da der Kontrast nicht ausreichend hoch ist. Für einen besseren Vergleich ist dennoch Aluminium zusätzlich abgebildet (Abb. 5.14 a + b). Auf die Darstellung von Messwert, optischer und geometrischer Weglänge wurde verzichtet, da kein Unterschied zum unbeschichteten Prisma besteht.

Für Gold ist eine Kompensation mit dieser Methode möglich, da über die große Variation der Elliptizität der Kontrast zwischen 0 und ca. 0.9 eingestellt werden kann. Wie schon beim unbeschichteten Prisma liegen

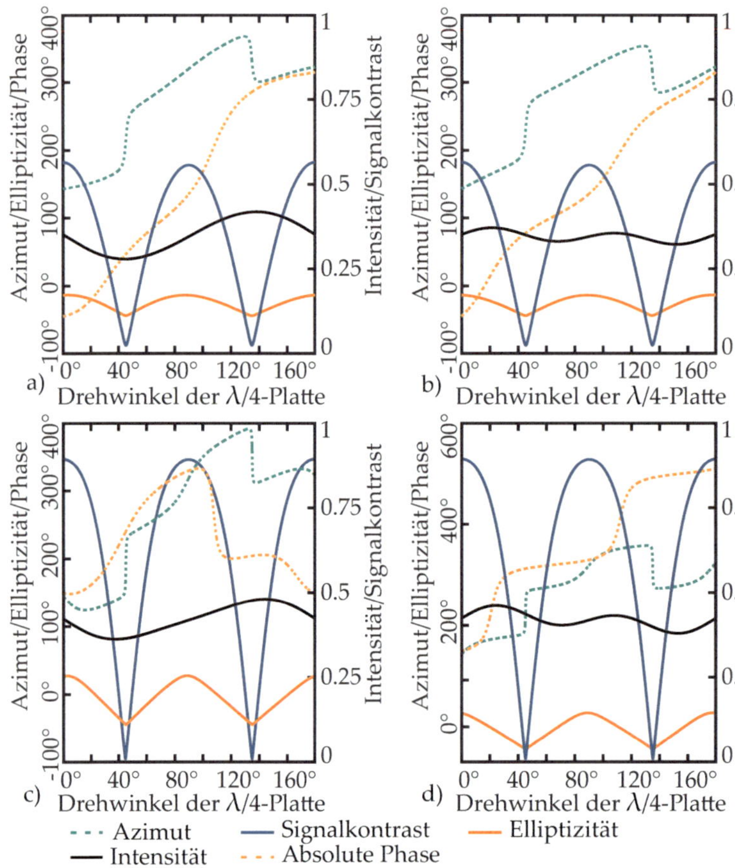

Abb. 5.14: Kompensation der Polarisationseffekte durch eine $\lambda/4$-Platte für ein beschichtetes Prisma a) Aluminium-Beschichtung, Kompensationselement vor dem Prisma b) Aluminium-Beschichtung, Kompensationselement hinter dem Prisma, c) Gold-Beschichtung, Kompensationselement vor dem Prisma, d) Gold-Beschichtung, Kompensationselement hinter dem Prisma.

die günstigsten Arbeitspunkte mit hohem Kontrast auf einem Plateau der Messwertkurve (nicht dargestellt), so dass leichte Verlagerungen des Kompensationselements nur geringe Messfehler bewirken. Azimut und Phase verhalten sich ähnlich wie beim unbeschichteten Prisma. Die Intensität liegt niedriger, was nicht von der $\lambda/4$-Platte herrührt, sondern durch den geringeren Reflexionsgrad der Beschichtung hervorgerufen wird.

Bei der Aluminium-Beschichtung ist mit dieser Methode kein Kontrast über der Schwelle von 0.7 erreichbar. Für alle Drehlagen der $\lambda/4$-Platte bleibt die Elliptizität negativ und der Kontrast damit unter 0.6. Das Kompensationselement wirkt sich in diesem Fall negativ aus. Es ist überflüssig, da der Kontrast auch ohne Verzögerungsplatte groß genug ist.

5.7 Zusammenfassung Kapitel 5

Da die Polarisation großen Einfluss auf die Interferenz und damit auf Kontrast und Messwert des Interferometers hat, ist sie ein ebenso wichtiger Faktor wie die geometrischen Strahleigenschaften. Sie folgt im Gegensatz zu diesen völlig anderen Gesetzen und ist schwerer überschaubar. So lassen sich beispielsweise keine pauschalen Invarianzachsen für die Polarisation angeben. In jedem einzelnen Fall ist der Einfluss des Umlenkelementes numerisch zu prüfen und gegebenenfalls eine Korrektur vorzusehen. In diesem Abschnitt wurde zunächst der Einfluss der Polarisation auf die interferometrische Messung untersucht. Anschließend wurden die mathematischen Methoden bereitgestellt, um die Polarisationsänderungen durch das Umlenkelement vorherzusagen. An einigen Beispielen wurden Einflussfaktoren wie Einfallswinkel und Materialkombination diskutiert sowie das Verhalten bei kleinen Verkippungen des Umlenkelementes beschrieben.

Der zweite Teil dieses Kapitels befasst sich mit optisch anisotropen Medien und der Beschreibung des Lichtes an ihren Grenzflächen. Da in der Literatur selten vollständig vorhanden, wurden die Berechnungsmethoden in diesem Abschnitt zusammengefasst. Sie werden benötigt, um doppelbrechende Elemente zur Korrektur der Polarisation auszulegen. Ein einfaches Beispiel hierzu wurde diskutiert. Zudem wurden weitere Mechanismen zur Polarisationskorrektur vorgestellt, die sich nicht anisotroper Medien bedienen.

6 Experimenteller Nachweis

Zur Verifizierung der in den vorangegangenen Abschnitten diskutierten Eigenschaften wird im Folgenden ein experimenteller Nachweis vorgestellt. Die Priorität liegt dabei vor allem auf dem qualitativen Nachweis des vorhergesagten Verhaltens, um die Arbeit mit verhältnismäßig einfachen Hilfsmitteln zu ermöglichen. Die entstehenden Messfehler und mögliche Ursachen werden diskutiert und erläutert. Sie sind für interferometrische Verhältnisse relativ groß, die Aussagekraft der Versuche zum qualitativen Verhalten wird dadurch jedoch nicht gemindert, da dementsprechend große Auslenkungen eingeleitet wurden. Die Experimente beschränken sich auf reflektierende Umlenkelemente ohne Glaskörper im Strahlengang, da insbesondere der Nachweis der Invarianzen im Vordergrund steht, worauf sich Glaskörper negativ auswirken (siehe Kap. 4). Die Beeinflussung und Korrektur der Polarisation wird an einem einfachen Beispiel demonstriert, das im vorherigen Abschnitt diskutiert wurde.

6.1 Messaufbau

Um das vorausgesagte Übertragungsverhalten der Umlenkelemente nachzuweisen, wird ein experimenteller Aufbau verwendet, mit dem ein Umlenkelement beliebig positioniert und verlagert werden kann (Abb. 6.1). Gleichzeitig werden optische Weglänge und Strahlposition des durchlaufenden Lichtes aufgenommen. Zur Positionierung dient ein Hexapod des Herstellers Physik Instrumente, der eine Bewegung in sechs Freiheiten erlaubt. Als Interferometer wird ein Einstrahl-Planspiegelinterferometer der Firma SIOS verwendet. Die Strahlposition wird mit einer U-Eye Messkamera von Edmund Optics beobachtet. Diese ersetzt den Retro-Spiegel in Abb. 6.1. Ein Anschluss über einen Strahltei-

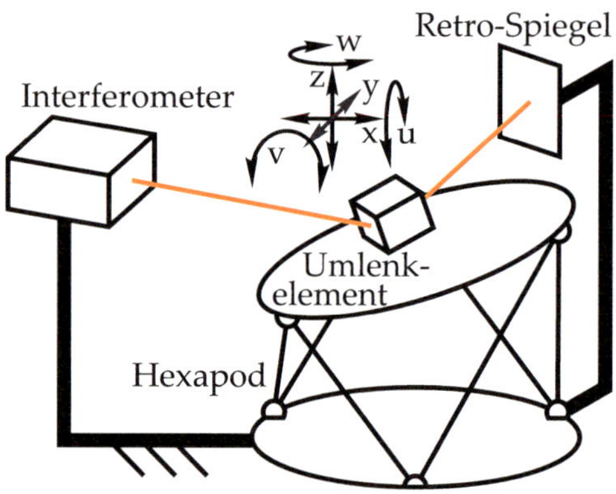

Abb. 6.1: Aufbau zum experimentellen Nachweis der Verlagerungseigenschaften eines Umlenkelementes. Zur Messung der lateralen Strahlposition wird der Retro-Spiegel durch eine Kamera ersetzt.

ler wäre denkbar, um optische Weglängenänderung und Parallelversatz gleichzeitig zu messen. Dies ist aber aufgrund des Intensitätsverlustes nicht praktikabel, wodurch der Kontrast des Interferometers stark reduziert würde. Daher werden die Elemente ausgetauscht und die Messungen nacheinander durchgeführt.

Die Untersuchungen sind darauf ausgerichtet, das vorhergesagte Verhalten in seiner qualitativen Form und insbesondere die Existenz von Invarianzachsen nachzuweisen. Eine Bestätigung der exakten Zahlenwerte ist darüber hinaus nur von begrenzter Aussagekraft. Zur Erreichung höchster Genauigkeiten ist enormer apparativer Aufwand notwendig. Da der daraus gewonnene Erkenntniszuwachs dies nicht rechtfertigt, wurde bei der Durchführung der Versuche darauf verzichtet.

Die Laserwellenlänge des Interferometers bleibt unkorrigiert für die herrschenden Umgebungsbedingungen, da kein Umweltsensor verwendet wurde. Die Schwankungen von Temperatur und Luftdruck am Messort sowie Schwingungen des Aufbaus verursachen Messwertschwankungen um ca. $\pm 300\,\mathrm{nm}$. Die Messung der Spotposition mit der Kamera ist durch die Pixel begrenzt. Zwar werden subpixelgenaue

Algorithmen zur Messung der Spotverschiebung verwendet, dennoch erlaubt der große Spotdurchmesser mit inhomogenem Rand durch unerwünschte Interferenzen die Bestimmung auch hier nur auf ca. 1 Pixel = 2.2 µm genau. Der Strahl fällt zudem nicht exakt senkrecht auf den Sensor der Kamera, wodurch die gemessenen Strecken durch Projektion verlängert werden. Dieser Fehler ist innozent, zweiter Ordnung und daher klein für kleine Winkel. Eine genauere Ausrichtung erfordert auch hier hohen Aufwand. Der Hexapod hat eine Reproduzierbarkeit der Positionierung von 1 bis 2 µm abhängig von der Achsrichtung. Für eine genauere Messung seiner Position wäre zusätzlich zum internen ein weiteres Messsystem mit sehr hoher Auflösung in sechs Koordinaten erforderlich.

Da all diese Fehlerquellen Abweichungen in einer ähnlichen Größenordnung produzieren, müsste jede von ihnen behoben werden, um eine spürbare Reduzierung der Messunsicherheit zu erreichen. Für eine generelle Aussage über das qualitative Übertragungsverhalten sind diese Unsicherheiten ausreichend. Daher wird in dieser Arbeit keine Reduzierung vorgenommen. Es werden lediglich größere Bewegungen im Bereich von mehreren Millimetern eingeleitet, um den relativen Fehler in Bezug auf den Nennwert der Messgröße zu verringern.

6.2 Ausrichtung des Koordinatensystems

Als Referenz für alle Bewegungen dient das interne kartesische Koordinatensystem des Hexapods. Dieses ist virtuell und daher nicht mechanisch antastbar. Das macht es schwierig, es zu den übrigen Elementen auszurichten. Alternativ werden alle Elemente auf dieses Koordinatensystem referenziert, indem vor einer Messung die Positionen bzw. Richtungen der sie repräsentierenden Vektoren in diesem Koordinatensystem ermittelt werden. Das schließt die Richtung des einfallenden Lichtstrahls sowie alle Flächennormalen des Umlenkelementes ein.

Um die Lage der Elemente zu bestimmen, wurde eine Kalibrierstrategie entworfen. Als Hilfsmittel dienen der Lichtstrahl eines Lasers und eine Kamera. Die Kenntnis der Lage dieser Elemente wird nicht vorausgesetzt. Sie können daher beliebig positioniert werden und liefern auch nach einer Neuausrichtung das gleiche Ergebnis. Die Vorgehensweise bedient sich lediglich der Translationen in den drei Koordinatenachsen des Hexapods, woraus die gesuchten Vektoren berechnet werden. Es wird zwischen der Kalibrierung einer Lichtrichtung und einer Flächennormale unterschieden, wofür zwei verschiedene Methoden (direkte und indirekte) benötigt werden.

Direkte Methode

Die Richtung des einfallenden Lichtstrahls im Koordinatensystem des Hexapods kann mit der direkten Methode ermittelt werden (Abb. 6.2). Dafür wird der Laserstrahl des ortsfest angebrachten Interferometerkopfes auf den Sensor der Kamera gerichtet, welche auf dem Hexapod in beliebiger Lage befestigt ist. Eine bewegte Laserlichtquelle mit ortsfester Kamera lässt sich nach dem gleichen Prinzip vermessen. Die Position des Laserspots auf dem Sensor in Ausgangsposition wird notiert (Abb. 6.2, Punkt 0). Der Hexapod wird zunächst in einer beliebigen Achse um einen frei wählbaren Betrag ausgelenkt. Einziges Kriterium ist, dass der Spot die Sensorfläche der Kamera nicht verlassen darf. In Abb. 6.2 wurde die x-Achse und der Betrag A als Auslenkung gewählt, wodurch der Sensor in die rote Position verschoben wird. Die vorherige Position des Spots bleibt als 0a gekennzeichnet, während als neue Position 1a entsteht. Effektiv ist eine Verschiebung des Spots entlang des roten Pfeils zu beobachten.

Anschließend werden die beiden anderen Achsen so verfahren, dass der Laserspot auf dem Sensor in seine ursprüngliche Position zurückkehrt. In Abb. 6.2 wurde der Sensor zunächst um B in y-Richtung verschoben (blaue Position), was den Spot entlang des blauen Pfeils nach 2b verschiebt. 0b und 1b sind die vorherigen Strahlpositionen. Zuletzt erfolgt die Verschiebung um C in z-Richtung (grüne Position), wodurch die Strahlposition von 2c entlang des grünen Pfeils in die ursprüngliche Position 3c = 0c zurückkehrt. Sensor oder Lichtquelle wurden auf diese Weise insgesamt um einen beliebigen Betrag entlang der Lichtrichtung versetzt. Das so erhaltene Datentripel A, B, C aus x-, y- und

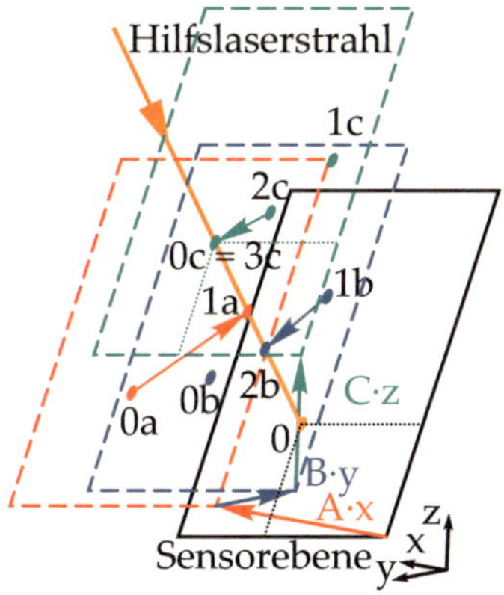

Abb. 6.2: Direkte Methode zur Ermittlung der Strahlrichtung in Hexapodkoordinaten. Durch Verschieben des Sensors in y und z um die Beträge B und C wird die zuvor aufgebrachte Auslenkung in x um Betrag A derart kompensiert, dass der Spot auf dem Sensor in seiner ursprünglichen Position zu liegen kommt.

z-Komponente stellt somit den Vektor der Lichtrichtung dar und muss lediglich noch normiert werden:

$$\boldsymbol{s} = \frac{1}{\sqrt{A^2 + B^2 + C^2}} \begin{bmatrix} A \\ B \\ C \end{bmatrix} \tag{6.1}$$

Indirekte Methode

Die indirekte Methode (Abb. 6.3) wird verwendet, um die Normalenrichtung von reflektierenden oder brechenden Flächen eines Umlenkelementes auf dem Hexapod in dessen Koordinatensystem zu ermitteln. Dazu wird der Strahl der ortsfest angebrachten Laserquelle auf die Fläche gerichtet, welche das Licht auf die ebenfalls ortsfeste Kamera reflektiert. Die genaue Ausrichtung von Laserstrahl und Kamera sind auch hier nicht von Bedeutung.

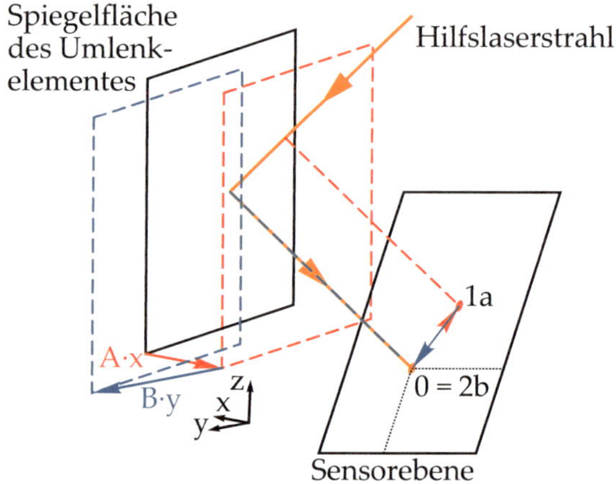

Abb. 6.3: Indirekte Methode zur Ermittlung der Richtung eines Spiegellotes in Hexapodkoordinaten. Durch Verschieben der Spiegelfläche in y um den Betrag B wird die zuvor aufgebrachte Auslenkung in x um Betrag A derart kompensiert, dass der Spot auf dem Sensor in seiner ursprünglichen Position zu liegen kommt. Der Prozess wird wiederholt, um durch Verschiebung der Spiegelfläche in z um den Betrag C die gleiche Auslenkung auszugleichen.

Wie bei der direkten Methode wird der Hexapod um einen frei gewählten Betrag in eine beliebe Achsrichtung ausgelenkt. In Abb. 6.3 wurde die x-Richtung und der Betrag A gewählt (rote Position), was den Spot auf dem Sensor vom Punkt 0 in den Punkt 1a verschiebt. In diesem Fall bewegt sich der Spot auf dem Sensor entlang einer bestimmten Linie. Da translatorische Verlagerungen eines Einzelspiegels innerhalb der Spiegelfläche invariant sind, wirkt sich nur die Komponente senkrecht zur Fläche auf den Lateralversatz des reflektierten Strahls aus. Diese Auswirkung hat stets die gleiche Richtung und lässt Verschiebungen des Strahls nur innerhalb der Einfallsebene zu. Die Schnittgerade der Einfallsebene mit der Sensorfläche bildet die Linie, auf der der Spot auswandern kann. Er kann diese nicht verlassen, unabhängig davon, in welche Richtung die Auslenkung stattfindet.

Im zweiten Schritt wird eine zweite Achse des Hexapods so bewegt, dass der Spot auf dem Sensor in seine Ausgangsposition zurückkehrt. Abb. 6.3 zeigt dies für die y-Richtung (blaue Position). Um die dritte Koordinate zu ermitteln, muss der Hexapod zunächst zurück in die Ausgangslage versetzt und anschließend in derselben Achse um denselben Betrag wie zuvor ausgelenkt werden. Die verbleibende Achse wird genutzt, um den Spot abermals in die Startposition zurück zu bewegen. Aus dem Satz von Auslenkungen A, B und C kann nun nach Gleichung 6.2 der Normalenvektor der Spiegelfläche berechnet werden:

$$\boldsymbol{n} = \frac{1}{\sqrt{A^2B^2 + A^2C^2 + B^2C^2}} \begin{bmatrix} BC \\ -AC \\ -AB \end{bmatrix} \tag{6.2}$$

Zur Vermessung der übrigen Flächen wird der Vorgang wiederholt, wobei das Umlenkelement auf dem Hexapod nicht bewegt werden darf. Diese Methode ist besonders genau, wenn die gesuchten Vektoren möglichst große Winkel mit den Koordinatenachsen des Hexapods einschließen. Liegt ein Vektor in einer der Koordinatenachsen oder ihrer unmittelbaren Nähe, so hat eine Verschiebung entlang dieser Achse (direkte Methode) bzw. der senkrechten Achsen (indirekte Methode) keinen oder nur sehr geringen Einfluss auf die Position des Strahls. Die Messfehler bei der Ermittlung der Spotlage auf dem Sensor sind unabhängig von der Spotverschiebung. Sie wirken sich daher auf geringe Lateralverschiebungen prozentual deutlich stärker aus. Umgekehrt wären sehr große Wege nötig, um eine deutliche Verschiebung zu erreichen, wobei oft der Bewegungsbereich des Hexapods überschritten wird. Auch kleine Messfehler sorgen daher bei Nähe des gesuchten Vektors zu einer Koordinatenachse für große Unsicherheiten in der Bestimmung seiner Lage. Dies ist bei der Positionierung der Elemente in Bezug auf den Hexapod zu berücksichtigen, wenngleich es oft nicht für alle Vektoren gleichzeitig möglich ist, eine günstige Lage zu wählen.

Im Experiment hat diese Methode in automatisierter Umsetzung eine Wiederhohlgenauigkeit von 2′-3′ ergeben. Durch manuelle Korrektur konnte diese auf unter 36″ gesenkt werden. Damit ist die Reproduzierbarkeit besser als die Größe handelsüblicher Winkelabweichungen in Spiegelprismen von 1′-3′. Aufgrund der Größenordnung der Mess- und Positionierunsicherheiten der übrigen Elemente ist es nicht notwendig auf hochpräzise optische Elemente zurückzugreifen. Prismen mit Winkelfehlern im Bereich zwischen 1′ und 3′ genügen den Ansprüchen dieser Versuche.

Eine detaillierte Betrachtung des Einflusses der Fehlerfortpflanzung auf das Messergebnis für die durchgeführten Versuche wie in [Int08] beschrieben wurde nicht vorgenommen. Sie ist nicht notwendig, da die Experimente lediglich als qualitativer Nachweis für das Übertragungsverhalten konzipiert sind.

6.3 Nachweis der Invarianzachsen

6.3.1 Versuchsbeschreibung

Das Ziel der Untersuchung ist der qualitative Nachweis des Übertragungsverhaltens von Umlenkelementen mit speziellem Fokus auf den Invarianzachsen. Da ein Glaskörper im Strahlengang Parallelversatz und optische Weglänge des Strahls beeinflusst und somit die Lage oder sogar die Existenz der Invarianzachsen, wird bei den Versuchen ausschließlich mit Spiegelsystemen aus Oberflächenspiegeln in Luft gearbeitet. Die verwendeten Spiegel besitzen eine Aluminium-Verspiegelung auf einem Floatglas-Substrat, wodurch sie eine glatte Rückseite aufweisen. Diese erlaubt es, die Spiegelnormalen mit der in 6.2 beschriebenen Methode über die Rückseiten zu vermessen. Das ist bei Mehrspiegelsystemen erforderlich, da die Vorderseite für den Hilfslaser oft durch die anderen Spiegel verstellt ist. Nachteil des Floatglas-Substrates ist seine geringe Ebenheit, die mit 4 - 6 λ einen relativ großen Fehler bei Verlagerung der Elemente verursachen kann, wenn der Messstrahl über verschiedene Gebiete der Oberfläche bewegt wird. Die Größe dieser Fehler liegt im unteren einstelligen Mikrometerbereich und damit in der gleichen Größenordnung wie die der übrigen Fehlerquellen.

Zur Ausrichtung komplanarer Spiegelsysteme werden Prismen verwendet. Ihre Flächenlote liegen durch die Fertigung hinreichend gut in einer gemeinsamen Ebene. Die Oberflächenspiegel werden mit der verspiegelten Seite unmittelbar auf die Referenzflächen des Prismas gelegt und von hinten mit einer Kraft angedrückt, wodurch sie sich an der Ausrichtung der Prismenflächen orientieren. Diese Methode erlaubt eine sehr gute Reproduzierbarkeit auch nach Remontage, die mit wenigen Winkelsekunden deutlich unter den übrigen Fehlern liegt. So ist die komplanare Anordnung mehrerer Spiegel ohne Justage möglich. Nachteil ist das Verbleiben des Prismas in der Anordnung, wodurch der Strahl nahe der komplanaren Ebene verlaufen muss. Bei größeren Einfallswinkeln wird er von der Deckfläche des Prismas blockiert. Ebenfalls nachteilig ist die Verringerung der nutzbaren Spiegelfläche, da für einen sicheren Halt etwa ein Drittel der Oberfläche am Prisma anliegen muss. Damit verringert sich auch die nutzbare Distanz für Verlagerungen.

Da die Eigenschaften des Einzelspiegels inklusive seiner Invarianzachsen aus anderen Anwendungen hinreichend bekannt und belegt sind, wird er an dieser Stelle nicht betrachtet. Die Untersuchungen beginnen mit einem Zweispiegelsystem. Um die optische Weglänge mit dem Interferometer messen zu können, muss der Strahl stets in sich selbst zurück reflektiert werden, was beim Planspiegelinterferometer nur möglich ist, wenn seine Richtung konstant bleibt. Daher kommen für die Messungen nur solche Verlagerungen in Frage, die die Strahlrichtung unverändert lassen. Nachgewiesen wird zunächst die Existenz einer Drehachse, die keine Änderung der Strahlrichtung zur Folge hat. Als Nachweis hierfür soll die interferometrische Messung selbst dienen. Bei Richtungsabweichungen von mehr als 1′ - 2′ meldet das Gerät eine Strahlunterbrechung. Die Messung kann danach nicht fortgesetzt werden. Da dies bei der Durchführung der Versuche nicht der Fall ist, ist eine Richtungskonstanz des zurückkehrenden Laserstrahls von besser als 2′ gewährleistet. Die Winkelabweichung durch das Spiegelsystem muss daher unter 1′ liegen, da ein schräger Einfall auf den retroreflektierenden Planspiegel eine Verdopplung dieses Fehlerwinkels zur Folge hat.

Untersucht wird am Spiegelpaar der Einfluss der Drehachsenlage auf Parallelversatz und optische Weglängenänderung. Die Drehung erfolgt um den stets gleichen Winkel um parallele Drehachsen in einem gleichmäßigen Raster auf der xy-Ebene. Die Messung von optischer Weglängenänderung und Parallelversatz zeigt dabei die Lage der Invarianzorte auf. Bei der Untersuchung der Translation wurde zuvor eine Invarianzebene für die optische Weglänge und eine Invarianzachse für den Parallelversatz bestimmt. Entlang dieser Koordinaten wird der Hexapod verfahren und die Abweichungen der beiden Größen gemessen. Die gleichen Untersuchungen werden auch am Dreispiegelsystem durchgeführt, wobei hier zwischen einer komplanaren und einer nicht-komplanaren Anordnung unterschieden wird.

6.3.2 Messergebnisse

Zweispiegelsystem

Zur Ausrichtung des Zweispiegelsystems dient ein Pentaprisma, wodurch die Spiegelflächen einen Winkel von ca. 45° einschließen (Abb. 6.4 a). Die Richtung der Invarianzachsen für Drehungen liegt damit senkrecht zum Hauptschnitt und kann aus dem Kreuzprodukt der beiden Spiegelnormalen berechnet werden. Tabelle C.1 im Anhang fasst die Lage der Elemente für alle gemessenen Anordnungen im Hexapodkoordinatensystem zusammen. Das System wurde auf dem Hexapod um 7° um die x-Achse und 2° um die y-Achse geneigt, um ein Zusammenfallen der zu messenden Spiegelnormalen mit den Koordinatenebenen zu vermeiden (siehe Kap. 6.2).

Zur Untersuchung des Einflusses der Drehachsenlage wurde deren Durchstoßpunkt in der xy-Ebene variiert und dabei die Größe von Parallelversatz und optischer Weglängenänderung aufgezeichnet. Die xy-Ebene ist aufgrund der Neigung des Prismas nicht exakt identisch zum Hauptschnitt, weshalb der Rasterabstand nicht gleich der Verschiebung der Drehachse ist, die senkrecht zur Achse gemessen wird.

Abb. 6.5 zeigt den Verlauf des Parallelversatzes für verschiedene Drehachsenlagen bei einem Drehwinkel von 1°. Da der Betrag unter Ver-

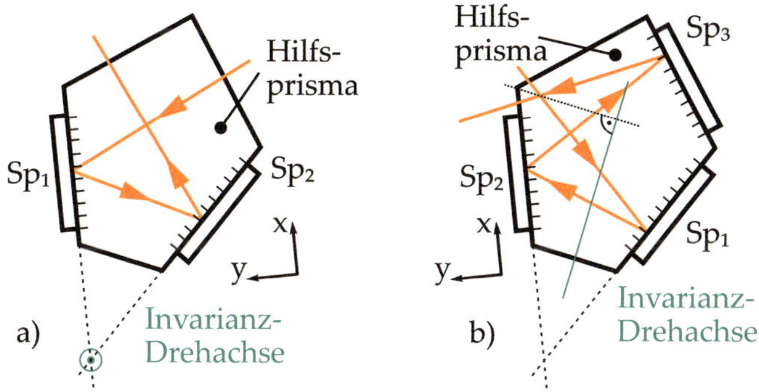

Abb. 6.4: Messanordnung zur Vermessung eines a) Zwei- und b) komplanaren Dreispiegelsystems. Die Spiegel werden zur komplanaren Ausrichtung an die Funktionsflächen des Hilfsprismas (nicht im Strahlengang) mit ihrer verspiegelten Seite angelegt und ragen über das Prisma hinaus.

nachlässigung der Richtung des Auswanderns stets positiv ist, ergibt sich ein V-förmiges Tal. Dessen Grund läuft wiederum V-förmig mit einem deutlich flacheren Gefälle auf den einzigen Nullpunkt zu. Dieser befindet sich in der Schnittgeraden der Spiegelflächen. Sie liegt im vorliegenden Versuch nicht im Nullpunkt des Koordinatensystems, da das Prisma außermittig montiert wurde. Die Ebenheit der Fläche ist sehr gut zu erkennen. Da die Steigung am Talboden so flach ist, ist das Minimum nur schwer auszumachen. Es erreicht einen Wert von 1.85 µm.

Das Verhalten der optischen Weglängenänderung bei unterschiedlichen Drehachsenlagen ist in Abb. 6.6 gezeigt. Der Drehwinkel beträgt jeweils $0,5^\circ$. Es ergibt sich eine fast perfekte Ebene. Da sie die Ebene $L = 0$ schneidet, existieren unendlich viele Drehachsen entlang einer Geraden, die die optische Weglängenänderung eliminieren. Diese Gerade enthält ebenfalls den Ort der Schnittgeraden der Spiegelflächen, wo kein Parallelversatz auftritt. Dies ist der einzige Ort für die Drehachse, an dem weder Strahlrichtung noch Strahlposition noch optische

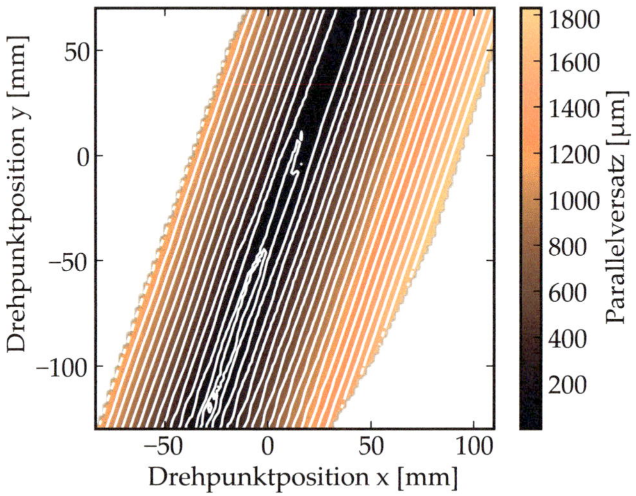

Abb. 6.5: Verlauf des Parallelversatzes des Strahls bei Drehung eines Spiegelpaares um Achsen senkrecht zu seinem Hauptschnitt in Abhängigkeit von der Position der Drehachse. Der Drehwinkel beträgt in jedem Punkt 1°.

Weglänge durch eine Drehung beeinflusst werden. Er ist bei etwa $x = -26\,\text{mm}$ und $y = -114\,\text{mm}$ zu finden.

Die Invarianzebene für Translation, die keine optische Weglängenänderung verursacht (Tab. C.1), liegt senkrecht zum Hauptschnitt, wobei der Winkel zwischen den Spiegeln sowie die Lichteinfallsrichtung die Lage bestimmen. Ein Nachweis von zwei darin liegenden Achsen, die orthogonal zueinander stehen, genügt für den Nachweis der Invarianzebene, da die optische Weglängenänderung linear mit der Verschiebung wächst. Das ist bereits aus Abb. 6.6 ersichtlich. Abb. 6.7 stellt das Verhalten der optischen Weglängenänderung entlang der zwei ausgewählten Geraden dar. Die dunkle Kurve ist entlang der Senkrechten zum Hauptschnitt gemessen, welche identisch mit der Drehachse aus dem vorhergehenden Versuch ist. Die helle Kurve wurde entlang der dazu senkrechten Gerade aufgenommen. Im konkreten Versuchsfall

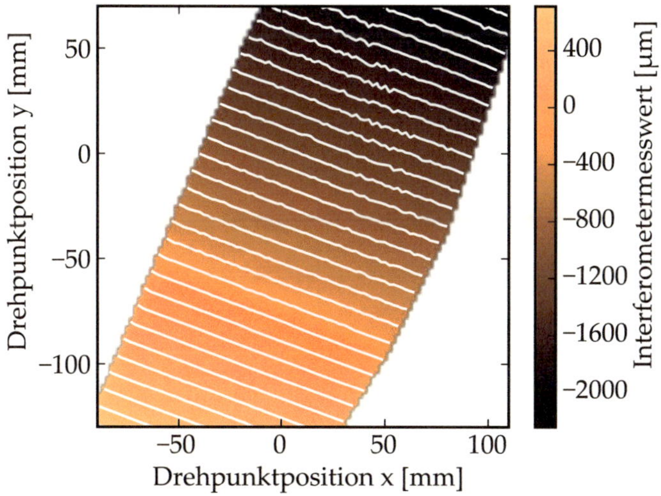

Abb. 6.6: Verlauf der optischen Weglängendifferenz bei Drehung eines Spiegelpaares um Achsen senkrecht zu seinem Hauptschnitt in Abhängigkeit von der Position der Drehachse. Der Drehwinkel beträgt in jedem Punkt 0,5°.

liegt der Einfallsstrahl nicht im Hauptschnitt. Daher gibt es nur die eine Translationsrichtung senkrecht zum Hauptschnitt (identisch zur Richtung der dunklen Kurve aus Abb. 6.7), die einen Parallelversatz vermeidet. Sie ist in Abb. 6.8 dargestellt. In der Ebene senkrecht zur Invarianzebene der optischen Weglängenänderung wird der Betrag des Parallelversatzes klein, verschwindet aber nicht vollständig aufgrund des schrägen Lichteinfalls.

Es ist erkennbar, dass sowohl Parallelversatz als auch optische Weglängenänderung mit steigender Auslenkung etwa linear wachsen. Die Absolutwerte bleiben jedoch klein im Verhältnis zur makroskopischen Auslenkung von 2 mm. Es ist nicht gelungen, die Invarianzachse bzw. -ebene exakt abzufahren. Die Ursachen hierfür liegen in den bereits erwähnten Fehlerquellen, die jeweils einen Beitrag im unteren einstelligen Mikrometerbereich liefern. Dazu gehören die begrenzte Positio-

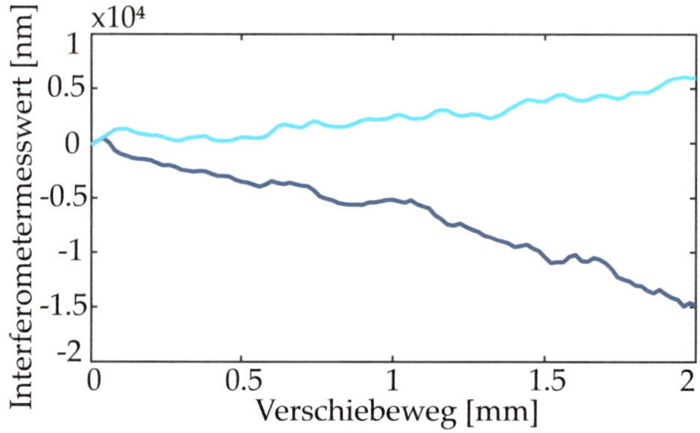

Abb. 6.7: Verlauf der optischen Weglängendifferenz bei Verschiebung eines Spiegelpaares entlang zweier orthogonaler Achsen in der Invarianzebene für die optische Weglängendifferenz. Die dunkle Kurve wurde senkrecht zum Hauptschnitt aufgenommen, die helle Kurve in der Hauptschnittebene.

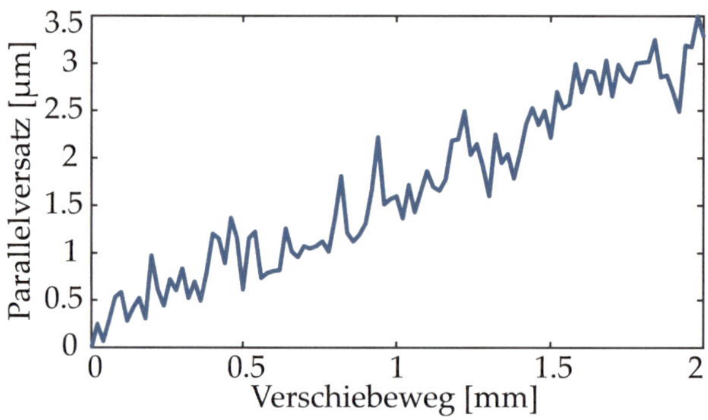

Abb. 6.8: Verlauf des Parallelversatzes bei Verschiebung eines Spiegelpaares entlang der Invarianzrichtung senkrecht zum Hauptschnitt.

niergenauigkeit des Hexapods, die Ebenheit der Spiegelflächen, die Messgenauigkeit bei der Bestimmung der Spiegellote und Einfallsstrahlrichtung sowie die Ungenauigkeit bei der Messung von Parallelversatz und optischer Weglängenänderung selbst.

Komplanares Dreispiegelsystem

Bei den Dreispiegelsystemen muss zwischen der komplanaren und der nicht-komplanaren Anordnung unterschieden werden. Dafür wird das Spiegelpaar um einen dritten Spiegel erweitert. Dieser wird für den komplanaren Fall ebenfalls an dem Pentaprisma angelegt (Abb. 6.4 b), welches die Ausrichtung ohne Justage sicherstellt. Dazu dient die Austrittsfläche, die einen Winkel von $112,5^\circ$ mit dem ersten Spiegel einschließt. In diesem Fall wurde die Neigung des Prismas auf 4° um x und 2° um y reduziert, um den abschattfreien Durchlauf des Strahls zu gewährleisten (siehe Tab. C.1).

Die Drehinvarianzachse dieses Systems bezüglich Strahlrichtung liegt in der Ablenkebene senkrecht zur Winkelhalbierenden von Ein- und Ausfallstrahl (siehe Abb. 6.4 b). Die Drehachsenlage ist in diesem Fall irrelevant für die Größe von optischer Weglängenänderung und Parallelversatz, welche beide nur vom Drehwinkel abhängen. Um dies nachzuweisen, wurde um fünf exemplarische Achsen rotiert (Abb. 6.9). Die Geraden aller Drehachsenlagen (linke Ordinate) zeigen eine sehr gute Übereinstimmung, sodass zusätzlich die Differenz der Kurven zur Drehachse durch den Nullpunkt zu sehen ist (rechte Ordinate). Die Abweichungen untereinander liegen unter 0.5%. Für alle übrigen Drehachsen zeigt das System das gleiche Verhalten.

Für das komplanare Dreispiegelsystem gibt es eine Translationsebene, die gleichzeitig optische Weglängenänderung und Parallelversatz eliminiert. Sie steht senkrecht zum Hauptschnitt und ist unabhängig vom Einfallsstrahl. Abb. 6.10 und 6.11 zeigen den Parallelversatz und die optische Weglängenänderung bei Bewegung des Hexapods entlang dieser Ebene. Da diese einen sehr steilen Anstieg besitzt, sind die Auslenkungen in x- und y-Richtung sehr klein. Die Gesamtauslenkung beträgt ca. 2 mm, wovon der größte Anteil in z-Richtung liegt. Auch in

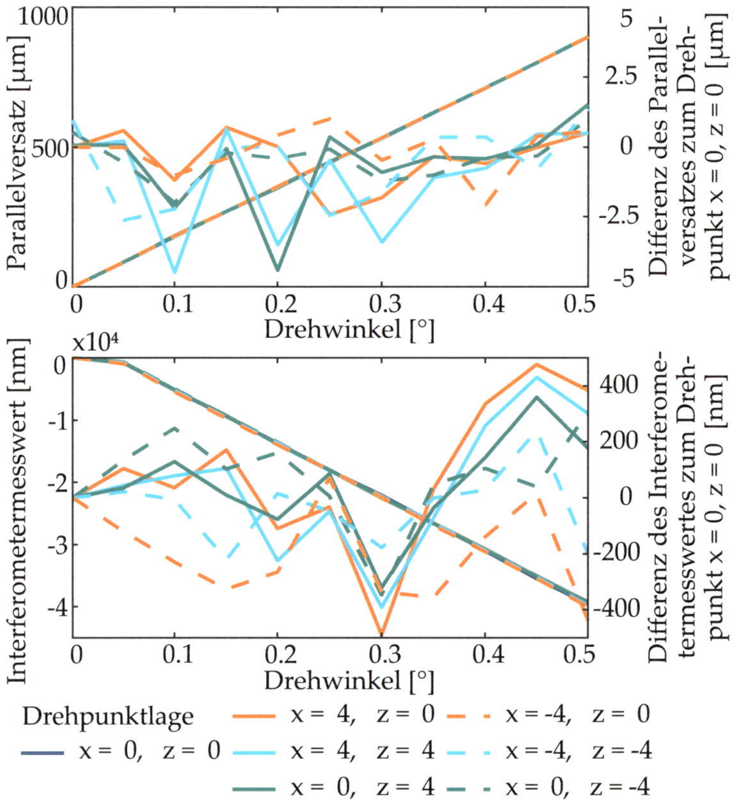

Abb. 6.9: Verlauf von Parallelversatz (oben) und optischer Weglängenänderung (unten) über den Drehwinkel bei Rotation eines komplanaren Dreispiegelsystems um seine Drehinvarianzachse bezüglich Strahlrichtung für fünf ausgewählte Drehachsen. Die Geraden nutzen die linke Ordinate. Die übrigen Kurven stellen die Differenz zur Kurve im Nullpunkt dar und beziehen sich auf die rechte Ordinate.

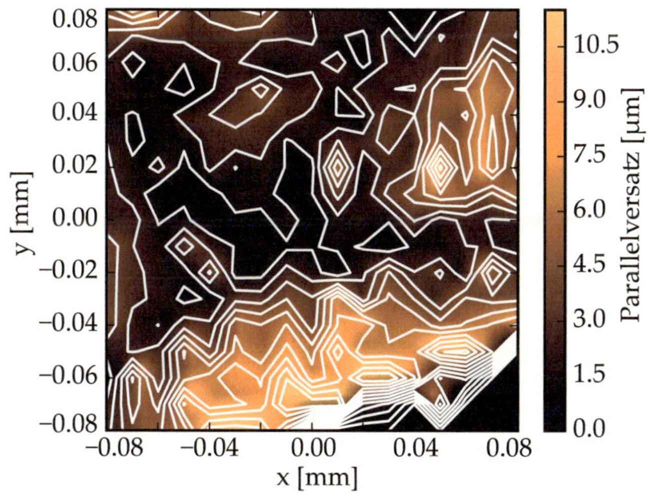

Abb. 6.10: Verlauf des Parallelversatzes des Strahls bei Verschiebung eines komplanaren Dreispiegelsystems entlang seiner Translationsinvarianzebene in Abhängigkeit von der Auslenkung in x- und y-Richtung. Die Gesamtauslenkung beträgt ca. 2 mm, wovon der größte Anteil in z-Richtung liegt.

diesem Versuch konnte die Ebene durch die Bewegung des Hexapods nicht exakt nachgebildet werden. Daher weichen die Messwerte von der erwarteten Null ab. Sie sind jedoch klein genug, um sie mit den oben beschriebenen Fehlern zu erklären.

Nicht-komplanares Dreispiegelsystem

Für das nicht-komplanare Dreispiegelsystem wurde der dritte Spiegel in einer separaten Fassung gehalten und deutlich aus der komplanaren Ebene gedreht. Die Drehinvarianzachse des Systems bezüglich Strahlrichtung wurde numerisch ermittelt und nimmt keine ausgezeichnete Lage ein (Tab. C.1). Der Einfluss der Drehachsenposition wird in Abb. 6.12 und 6.13 für Parallelversatz bzw. optische Weglängenänderung

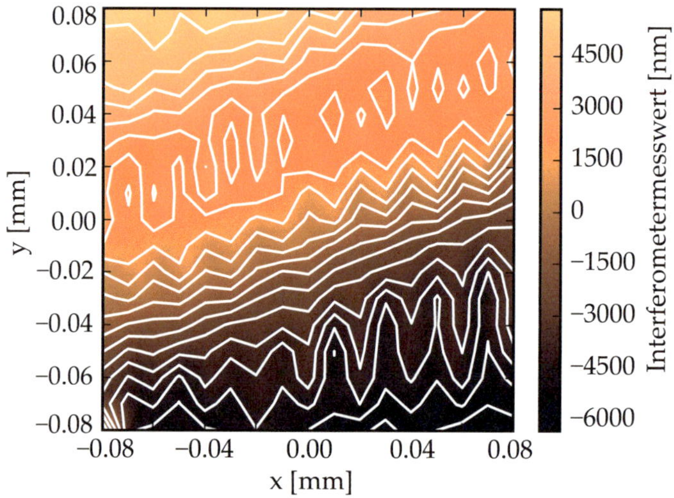

Abb. 6.11: Verlauf der optischen Weglängendifferenz bei Verschiebung eines komplanaren Dreispiegelsystems entlang seiner Translationsinvarianzebene in Abhängigkeit von der Auslenkung in x- und y-Richtung. Die Gesamtauslenkung beträgt ca. 2 mm, wovon der größte Anteil in z-Richtung liegt.

demonstriert. Er erlaubt an einer Stelle die Eliminierung des Parallelversatzes und an unendlich vielen Stellen entlang einer Geraden die Vermeidung einer optischen Weglängenänderung. Die Form der Flächen ist die gleiche wie bereits beim Spiegelpaar beschrieben. Für den Parallelversatz lässt sich in diesem Fall der V-förmige Verlauf am Boden des Tals hin zum Minimum besser erkennen.

Auch zur Bestimmung der Translationsinvarianzebene für das Verschwinden der optischen Weglängenänderung und der Translationsachse ohne Parallelversatz wurden numerische Methoden verwendet. Die Achse ist in der Ebene enthalten. Entlang dieser Richtungen wurde der Hexapod bewegt und jeweils der Interferometermesswert bzw. die Spotverschiebung aufgezeichnet (Abb. 6.14 bzw. 6.15). Wie bei den vorherigen Experimenten liegen die Fehler im einstelligen Mikrometer-

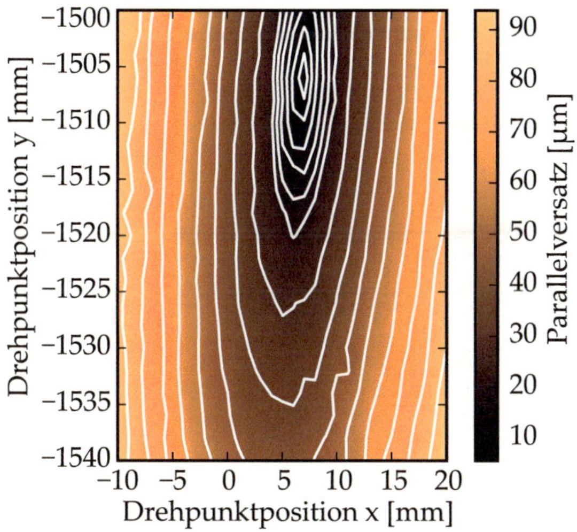

Abb. 6.12: Verlauf des Parallelversatzes bei Drehung eines nichtkomplanaren Dreispiegelsystems um seine Invarianzachse bezüglich Strahlwinkel in Abhängigkeit von der Lage der Drehachse. Der Drehwinkel beträgt in jedem Punkt 1°.

bereich und sind durch die bereits bekannten Ursachen erklärbar. Der Sprung in der Mitte der Fläche aus Abb. 6.15 entsteht, da aufgrund des zeitaufwendigen Messvorgangs die Ergebnisse aus zwei Teilmessungen zusammengesetzt sind, deren Nullpunkte zu unterschiedlichen Zeiten gesetzt wurden. Abgesehen von einem geringen Offset ist an der Form der beiden Teilflächen eine gute Stetigkeit zu erkennen.

6.4 Polarisationsbeeinflussung

Um das vollständige Polarisationsverhalten von Spiegeln und Prismen abzubilden, wären umfangreiche Messungen notwendig, bei denen die Polarisation sehr genau kontrolliert und gemessen werden muss. Um den notwendigen Aufwand im Rahmen der Arbeit auf ein vertretba-

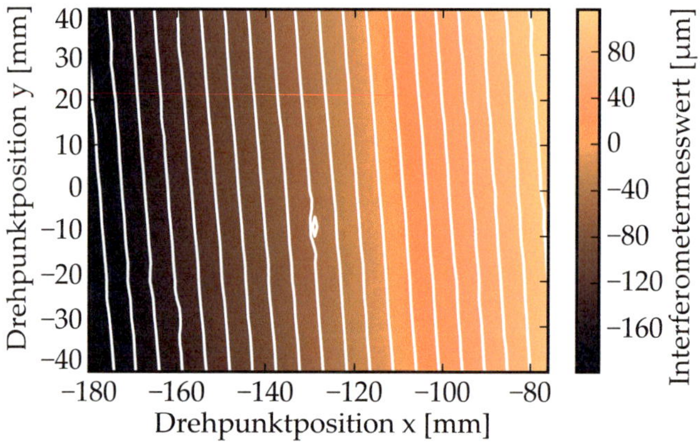

Abb. 6.13: Verlauf der optischen Weglängendifferenz bei Drehung eines nicht-komplanaren Dreispiegelsystems um seine Invarianzachse bezüglich Strahlwinkel in Abhängigkeit von der Lage der Drehachse. Der Drehwinkel beträgt in jedem Punkt 0,5°.

res Maß zu reduzieren, wird eine Einschränkung auf ein praktisches Beispiel vorgenommen. Es wird die Korrektur des Signalkontrastes mit Hilfe einer $\lambda/4$-Platte bei einem Halbwürfelprisma demonstriert. Das aus Abb. 5.6a bekannte Beispiel besitzt in seiner Ideallage nur einen Kontrast von ca. 32%, der zu gering für die Auswertung ist. Mit Hilfe einer $\lambda/4$-Platte in der richtigen Drehlage kann dieser Wert laut Abb. 5.13a bzw. c auf über 90% korrigiert werden.

Anstatt die Polarisation selbst zu messen, dient das Spannungssignal des Interferometers als Maß für den Kontrast des Interferenzmusters. Die erzeugten sinus- und cosinus-Signale können am Gerät abgegriffen und auf einem Oszilloskop dargestellt werden. Sie werden zu einer Lissajous-Figur zusammengeschaltet. Bei Änderung der optischen Weglänge beschreibt der Messpunkt einen Kreis, bei dem ein voller Umlauf eine Abstandsänderung von einer halben Wellenlänge repräsentiert. Der Durchmesser des Kreises ist ein Maß für die Amplitude des Signals und damit für den Kontrast des Interferenzmusters.

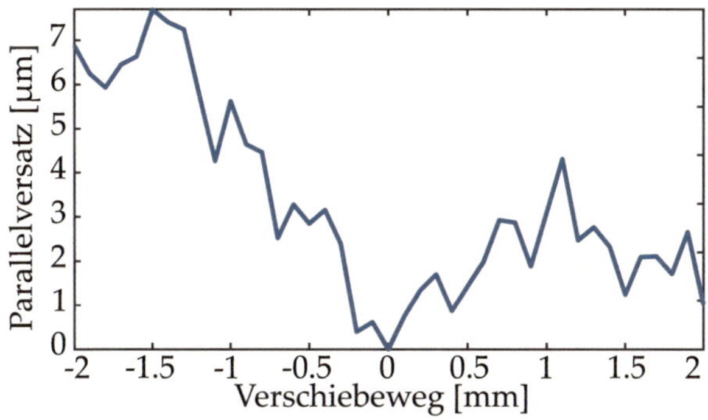

Abb. 6.14: Verlauf des Parallelversatzes bei Verschiebung eines nichtkomplanaren Dreispiegelsystems entlang seiner Translationsinvarianzachse für Parallelversatz.

Die Spannungssignale des Interferometers werden durch den Regler stets auf eine Amplitude von 1.5 V korrigiert, wobei sich die Verstärkung des Reglers ändert. Dabei werden auch leichte Unterschiede zwischen den Kanälen ausgeglichen. Um die Amplitude als Maß für den Kontrast nutzen zu können, muss das Reglermodul abgeschaltet werden. Zunächst dient der Aufbau ohne Umlenkelement zur Kalibrierung. Während der Strahl vom Interferometer lediglich zum Retro-Spiegel und zurück läuft, stellt der Regler die Verstärkung auf einen üblicherweise geringen Wert ein, sodass sich eine Amplitude von ca. 1.5 V ergibt. Abb. 6.16a zeigt das Bild eines Digitaloszilloskops für diesen Zustand. Die gepunktete Linie stellt das Messsignal dar und die schmale Volllinie zeigt die ideale Kontur an. Im vorliegenden Experiment wurde eine Amplitude von 1.6 V gemessen. Danach wird der Regler ausgeschaltet und die Verstärkung damit auf den zuvor eingestellten Wert festgelegt.

Anschließend wird der Aufbau wie in Abb. 5.5 umgebaut und das Halbwürfelprisma eingefügt. Der Kontrast verringert sich und der Radius des Kreises am Digitaloszilloskop sinkt auf 0.4 V (Abb. 6.16b). Durch Einführen einer $\lambda/4$-Platte zwischen Interferometerkopf und Umlenkelement kann dies korrigiert werden, sodass der Durchmesser fast wieder auf den ursprünglichen Wert steigt (Abb. 6.16c). Im

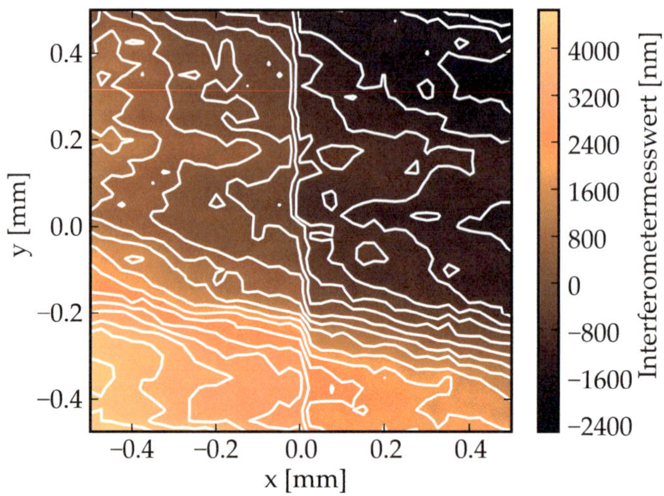

Abb. 6.15: Verlauf der optischen Weglängendifferenz bei Verschiebung eines nicht-komplanaren Dreispiegelsystems entlang seiner Translationsinvarianzebene für die optische Weglänge.

Experiment konnte eine maximale Amplitude von 1.52 V erreicht werden. In einer anderen Drehlage ist aber auch eine Verringerung des Kontrastes möglich, sodass ein Minimum von 0.05 V gemessen wurde. Bei einer Drehung um 180° schwankt das Signal zwischen diesen beiden Extrema. Den vollständigen nicht-linearen Verlauf dieser Drehung aufzunehmen und so die Kontrastkurve aus Abb. 5.13 nachzubilden, war nicht möglich. Ein geringer Keilfehler der $\lambda/4$-Platte bewirkt eine Ablenkung der Strahlrichtung um wenige Winkelminuten. Dreht man die Platte um den Einfallsstrahl, so beschreibt der Ausfallstrahl einen Kegel. Diese Ablenkung ist größer als der Fangbereich des Interferometers, wodurch ab einem gewissen Drehwinkel eine Strahlunterbrechung vorliegt. Es wäre folglich notwendig, an jedem Messpunkt die Lage der $\lambda/4$-Platte in zwei Winkeln nachzuführen. Die dabei erzielbare Reproduzierbarkeit ist nicht ausreichend, um die Kurve mit der notwendigen Qualität aufzunehmen. Kontrastschwankungen durch den veränderten

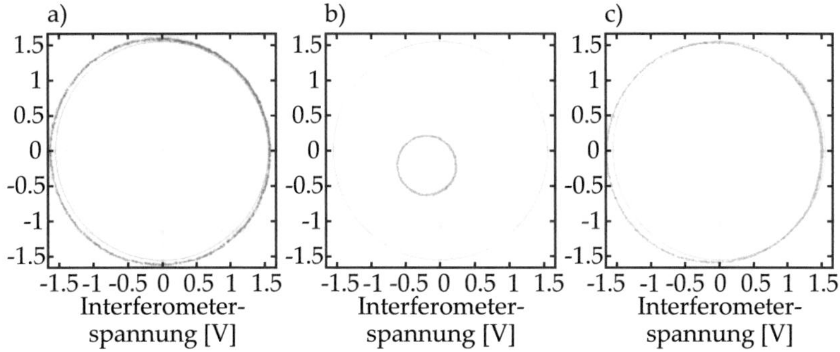

Abb. 6.16: Aufnahmen der Lissajous-Figur des Interferometersignals auf einem Digitaloszilloskop bei ausgeschaltetem Regler. Die schmale Volllinie zeigt das ideale Signal, die gepunktete Linie das Messsignal. a) Referenzzustand ohne Umlenkelement, b) mit Halbwürfelprisma als Umlenkelement, c) mit Halbwürfelprisma und $\lambda/4$-Platte zur Korrektur des Kontrastes.

Strahlwinkel wären nicht von denen zu unterscheiden, die durch die Polarisation verursacht werden.

Bei aktivem Reglermodul kann die Verstärkung, die notwendig ist, um die Amplitude auf 1.5 V einzustellen, als inverses Maß für den Signalkontrast verwendet werden. Für die drei in Abb. 6.16 dargestellten Fälle wurden die Verstärkungen und Offset-Werte wie in Tabelle 6.1 gemessen. Die Ergebnisse sind konsistent zu den obigen Werten. Eine Erhöhung beider Verstärkungsfaktoren wirkt der Verringerung der Amplitude entgegen und die leichte Veränderung der Offset-Werte kompensiert die Mittelpunktverschiebung, die in Abb. 6.16b erkennbar ist.

Tab. 6.1: Messwerte für Amplitudenverstärkung und Offset des Reglermoduls am Interferometer. (Idealwerte sind 0 für die Verstärkung und 50 für den Offset.)

	Verstärkung Signal 1	Offset Signal 1	Verstärkung Signal 2	Offset Signal 2
Referenz ohne Umlenkelement	22	52	25	54
mit Halbwürfelprisma als Umlenkelement	51	56	51	51
mit Halbwürfelprisma und $\lambda/4$-Platte	22	51	26	53

6.5 Interpretation der Versuche und Zusammenfassung Kapitel 6

Um die Gültigkeit der in dieser Arbeit hergeleiteten Invarianzachsen zu bestätigen, wurden Experimente mit reflektierenden Umlenkelementen durchgeführt. Zur freien Bewegung der Elemente fand ein Hexapod Verwendung. Für die Referenzierung der Spiegelflächenlote und Strahlrichtungen auf das virtuelle Koordinatensystem des Hexapods wurde eine Methode vorgestellt, die auch für andere Zwecke nutzbar ist. Durch Nachfahren der theoretisch bestimmten Invarianzachsen und -ebenen und gleichzeitiges Messen der entsprechenden Funktionsgröße (optische Weglängenänderung, Parallelversatz) konnte gezeigt werden, dass die unempfindlichen Achsen in etwa den Richtungen vorzufinden sind, wie in den vorherigen Kapiteln vorhergesagt. Damit konnten die Überlegungen der vorangegangenen Abschnitte verifiziert werden. Auch die lineare Abhängigkeit von optischer Weglängenänderung und

Parallelversatz außerhalb der ausgezeichneten Translationsinvarianzrichtungen von der Auslenkung ist in den Versuchen sichtbar.

Es wurden vergleichsweise einfache Mittel verwendet, wodurch die Messgenauigkeit der Versuche im unteren einstelligen Mikrometerbereich liegt. Bei den vergleichsweise großen Auslenkungen ist die Aussagekraft der Messergebnisse dennoch ausreichend. Die Ursachen für die Abweichungen wurden zusammengefasst und erläutert. An einem in Kapitel 5 diskutierten Beispiel wurde die Korrektur des Signalkontrastes mit Hilfe einer Phasenplatte demonstriert. Dies war notwendig, da die starke Veränderung der Polarisation durch das Umlenkelement den Kontrast so weit gesenkt hatte, dass eine zuverlässige Auswertung des Signals nicht mehr gegeben war.

7 Schlussfolgerungen und Gestaltungsrichtlinien

Für die Aufgabe der Auslegung eines interferometrischen Messaufbaus mit einer Strahlumlenkung gibt es verschiedene Lösungsmöglichkeiten. Obwohl keine der Lösungen gänzlich falsch oder richtig ist, sind einige besser geeignet als andere. Um dem Anwender die Auswahl zu erleichtern, werden im Folgenden Schlussfolgerungen für den Einsatz von Umlenkelementen in interferometrischen Messanordnungen abgeleitet. Diese werden in Form von Hinweisen formuliert, die als Entscheidungshilfe zur Auslegung von interferometrischen Messsystemen mit Umlenkelementen dienen. Die Gestaltungsrichtlinien sind in der Reihenfolge ihrer Priorität aufgeführt, die jedoch in speziellen Fällen abweichen kann.

Umlenkung falls möglich vermeiden

Zunächst ist festzuhalten, dass jedes Umlenkelement im Messstrahlengang eine potenzielle Fehlerquelle darstellt und deshalb falls möglich zu vermeiden ist. Es ist stets zu prüfen, ob der Einsatz eines Umlenkelementes im Aufbau unumgänglich ist oder die Vorteile gegenüber möglichen Risiken überwiegen. Jedes Umlenkelement führt statische und dynamische Einflüsse in das System ein. Die statischen Fehler stellen einen Offset dar und sind tolerabel, solange sie die Messung noch zulassen. Dynamische Fehler sind zeitlich nicht konstant und beeinflussen das Messergebnis. Ihre Auswirkungen auf die Messung hängen stark vom Übertragungsverhalten ab, welches wiederum stark von der Art des Umlenkelementes abhängt. Kapitel 4 gibt mit einer Einteilung der Umlenkelemente in Kategorien und der Beschreibung ihrer Eigenschaften einen Überblick zum unterschiedlichen Verhalten einzelner Elemente. Die Auswirkungen des Elementes auf die Messung müssen genau bekannt sein und berücksichtigt werden, um das Messergebnis nicht zu verfälschen. Gegebenenfalls ergibt sich eine erhöhte Messunsicherheit.

Fehlervermeidung vor -korrektur
Für alle Einflüsse des Umlenkelementes auf die interferometrische Messung sollte primär die Vermeidung von Fehlern angestrebt werden. Ist es nicht möglich, einen Fehler zu vermeiden, muss die Größe seines Einflusses abgeschätzt werden. Ohne Gegenmaßnahmen trägt er zur Erhöhung der Messunsicherheit bei. Ist dies nicht tragbar, kann er korrigiert oder kompensiert werden. Die Korrektur des Messwertes bei bekanntem Übertragungsverhalten und Aufzeichnung der Bewegung kann einfacher sein als die Kompensation. Der apparative Aufwand dieser beiden Optionen ist bei der Entscheidung abzuwägen.

Möglichst wenige Umlenkelemente bzw. -flächen nutzen
Häufig ist es ratsam mit möglichst wenigen Umlenkelementen bzw. -flächen zu arbeiten. Eine höhere Anzahl von Elementen erhöht auch das Fehlerpotenzial. Die einzelnen Elemente können sich gegeneinander verlagern, was die Überwachung ihrer Einflüsse erschwert. Umlenkelemente mit vielen Flächen sind oft komplizierter in der Herstellung und gegebenenfalls in der Fassung. Dort ist mit größeren Fehlern durch Fertigung oder Montage zu rechnen. Beispielsweise ist die Komplanarität bei einer großen Anzahl von Flächen schwieriger zu gewährleisten.

Signalverlust verhindern
Die Auswahl des Umlenkelementes muss zunächst den benötigten Umlenkwinkel berücksichtigen, um den gewünschten Strahlverlauf zu erzielen. Ausgehend davon sollte sie auf Basis der Empfindlichkeit des Gesamtsystems erfolgen. Ein Planspiegelinterferometer reagiert beispielsweise sehr sensitiv auf Winkelveränderungen des Messstrahls, sodass die Konstanz der Strahlrichtung priorisiert werden sollte. Im Gegensatz dazu ist ein Interferometer mit Tripelspiegel sensibel gegenüber lateralem Strahlversatz. Beide können zu Strahlunterbrechungen führen, wenn die Abweichung einen bestimmten Betrag überschreitet. Das Umlenkelement muss deshalb so gewählt werden, dass ein Signalverlust ausgeschlossen wird.

Kontrast maximieren
Auch die Polarisation ist zu berücksichtigen, um einen Signalverlust zu vermeiden. Sie ist so zu wählen, dass sich ein maximaler Signalkontrast ergibt, da unterhalb einer gewissen Schwelle keine zuverlässige Auswertung mehr möglich ist. Auch hier gilt das Prinzip Fehlervermeidung vor -korrektur. Ist es durch Wahl der Einfallswinkel und Beschichtungen bzw. Materialien möglich, eine Polarisation einzustellen, die einen hohen Signalkontrast liefert, sollte dies einem Kompensationselement stets vorgezogen werden. Bei Einsatz eines Kompensationselementes ist darauf zu achten, welche dynamischen Fehler dieses bei leichten Verlagerungen verursachen kann. Soweit möglich sollte ein unempfindlicher Arbeitspunkt gewählt werden, sodass kleine Verlagerungen einen vernachlässigbaren Effekt auf die Messung haben. Da die absolute Phasenlage des Lichtes mitunter sehr empfindlich auf Änderungen der Einfallswinkel reagiert, ist zu prüfen, welche Auswirkungen kleine Verdrehungen des Umlenkelementes auf den Messwert haben. Mitunter sind Rotationen des Umlenkelementes mechanisch zu unterbinden.

Invarianzen vorrangig in empfindlichsten Achsen nutzen
Ziel der Auslegung der Anordnung ist es, die Invarianzen, welche die Umlenkelemente bieten, möglichst effektiv zu nutzen. Tabelle 7.1 fasst die Invarianzachsen der verschiedenen Elemente noch einmal zusammen. Sie sollten hauptsächlich in Achsen gewählt sein, in denen funktionsrelevante Größen des Systems sehr empfindlich auf Veränderungen reagieren. In einigen Fällen lassen sich auf diese Weise mehrere Invarianzeigenschaften gleichzeitig ausnutzen. In einer Anordnung mit einem einachsigen Planspiegelinterferometer muss beispielsweise der Parallelversatz nicht berücksichtigt werden, da er zu keinem direkten Messfehler führt. Die Strahlrichtung ist dagegen hochempfindlich, weshalb Drehinvarianz bezüglich Strahlrichtung vorrangig genutzt werden sollte.

Invarianzen in Achsen der größten erwarteten Bewegung nutzen
Zudem ist zu berücksichtigen, welchen Verlagerungen das Umlenkelement im System primär ausgesetzt ist. Durch Betrachtung der mechanischen Aufnahme des Umlenkelementes ist oft ersichtlich, in welchen Richtungen für Translation sowie Rotation die größten Verlagerungen

zu erwarten sind. Invarianzen in diesen Achsen erlauben es, auch relativ große Bewegungen zuzulassen, ohne die Messunsicherheit zu vergrößern.

Symmetrien im System nutzen
Besonders bei mehrachsigen Systemen ist zu prüfen, ob sich Symmetrien vorteilhaft nutzen lassen. Da der Abbe-Fehler (laterales Auswandern des Messstrahls aus dem Abbe-Punkt) nur indirekt zu Fehlern höherer Ordnung führt, sind die direkten Messwertabweichungen (optische Weglängenänderung) zuerst zu korrigieren.

Refraktive Elemente und Glaskörper in reflektierenden Elementen vermeiden
Generell ist es empfehlenswert refraktive Umlenkelemente zu vermeiden, da sie empfindlich auf jede Verlagerung reagieren und nur wenige Invarianzen aufweisen. Auch Mischformen aus reflektierenden und refraktiven Flächen weisen die gleichen Nachteile auf. Falls möglich sollte generell auf jegliche Brechung verzichtet werden. Reflektierende Umlenkelemente sind in Form eines Spiegelsystems gegenüber der Ausführung als Prisma zu bevorzugen, da der Glaskörper im Strahlengang, der bei dispersionsfreien Prismen die Wirkung einer Planparallelplatte hat, Auswirkungen auf Strahlversatz und optische Weglängenänderung hat. Dies kann eine eventuelle Invarianz des Spiegelsystems im Prisma unwirksam machen.

Messwert korrigieren
Die Verlagerungen in den übrigen Bewegungsrichtungen, in denen keine Invarianz vorliegt, sollten abgeschätzt werden. Dies erlaubt eine Kalkulation der Messfehler und der zu erwartenden Messunsicherheit. Sind diese inakzeptabel groß, muss eine Korrektur vorgenommen werden. Dafür ist die Bewegung des Umlenkelementes zu überwachen. Ist bereits eine Invarianz in einer Richtung genutzt, so muss ausschließlich die Bewegung senkrecht zu dieser Richtung aufgenommen werden. Das spart apparativen und rechnerischen Aufwand. Unter Kenntnis des Übertragungsverhaltens des Umlenkelementes kann damit ein Korrekturwert zum Messwert addiert werden, der den Messfehler minimiert. Bei linearen Abweichungen ist es unter Umständen möglich, die Kompensation hardwareseitig mit Hilfe des Referenzstrahles vorzuneh-

men. Dazu muss der Referenzstrahl auf das Umlenkelement geführt werden und seine Länge durch die Bewegung des Elementes in der nicht-invarianten Richtung so verändert werden, dass sie der Änderung im Messarm gleicht. Dies stellt einen Eingriff in das Interferometer dar, wodurch das Umlenkelement nicht länger nur als ergänzende Zusatzbaugruppe betrachtet werden kann.

Tab. 7.1: Übersicht über die Anzahl und Lage von Invarianzrichtungen von Umlenkelementen (Abkürzungen: A - Achse, E - Ebene, HS - Hauptschnitt, nb - numerisch bestimmbar, SF - Spiegelfläche, Invarianzachsen für R - Strahlrichtung (Rotation des Elementes), L - optische Pfaddifferenz, p - Parallelversatz (Translation des Elementes))

Art des Umlenkelementes			reflektierend		refraktiv
Anzahl der Reflexionen			gerade	ungerade	-
Anordnung: komplanar	Strahl im HS	R	A⊥HS, für 2 SF $L = \lvert p \rvert = 0$ wenn A = Schnittgerade der SF	A∈HS⊥Winkelhalbierende von Ein- und Ausfallstrahl, L und p unabhängig von Achslage	-
		p	E⊥HS, unter $\gamma = \varepsilon'_1 - \sum_{j=1}^{i} \alpha_{2j-1}$ zur 1. SF	E⊥HS, unter $\gamma = -\sum_{j=1}^{i} \alpha_{2j}$ zur 1. SF	E⊥HS, nb (i.d.R. ≠ E für L)
		L	E⊥HS, unter $\gamma = \varepsilon'_1 - \sum_{j=1}^{i} \alpha_{2j-1} + 90°$ zur 1. SF	E⊥HS, unter $\gamma = -\sum_{j=1}^{i} \alpha_{2j}$ zur 1. SF	E⊥HS, nb
	Strahl nicht im HS	R	A⊥HS, für 2 SF $L = \lvert p \rvert = 0$ wenn A = Schnittgerade der SF	A∈HS⊥Winkelhalbierende von Ein- und Ausfallstrahl, L und p unabhängig von Achslage	-
		p	A⊥HS	E⊥HS, unter $\gamma = -\sum_{j=1}^{i} \alpha_{2j}$ zur 1. SF	A⊥HS
		L	E⊥HS, unter $\gamma = \varepsilon'_1 - \sum_{j=1}^{i} \alpha_{2j-1} + 90°$ zur 1. SF	E⊥HS, unter $\gamma = -\sum_{j=1}^{i} \alpha_{2j}$ zur 1. SF	E⊥HS, nb
Anordnung: nicht-komplanar		R	A bestimmbar durch Quaternionenmethode (Kap. 4)		-
		p	A, nb (∈ E für L)	A, nb (∉ E für L)	A, nb
		L	E, nb		-

8 Zusammenfassung und Ausblick

Zusammenfassung

In dieser Arbeit werden die Eigenschaften von Umlenkelementen und ihr Übertragungsverhalten in interferometrischen Messanordnungen untersucht. Die Umlenkung von Interferometermessstrahlen bietet verschiedene Vorteile. Der mechanische Aufbau kann vereinfacht werden, wodurch er kleiner und robuster gegenüber mechanischen und thermischen Störeinflüssen wird. Die flexiblere Positionierung des Interferometermesskopfes ermöglicht mehr Freiraum in der Gestaltung des Aufbaus und eine verbesserte Zugänglichkeit des Messobjektes. Diese Vorteile werden durch potenzielle Messfehler erkauft. Kapitel 2 fasst die Eigenschaften und Voraussetzungen der interferometrischen Messung zusammen und stellt Vor- und Nachteile der Strahlumlenkung heraus. Es wird eine Abgrenzung der Untersuchungen auf refraktive und reflektierende Umlenkelemente vorgenommen. Die möglichen Einflüsse der Umlenkung auf die Messung werden untersucht und bewertet. Sie können sich auf Strahlrichtung, laterale Strahlposition, optische Weglängenänderung und Polarisation auswirken. Dabei ist zwischen den zeitlich konstanten und deshalb unschädlichen, statischen Fehlern und den variablen, dynamischen Fehlern zu unterscheiden.

Kapitel 3 stellt verschiedene Modelle vor, um das Übertragungsverhalten von Umlenkelementen genauer zu untersuchen und darzustellen. Dabei wird im ersten Teil zunächst auf die geometrischen Modelle zur Untersuchung der Strahllage eingegangen, während sich der zweite Teil den Modellen zur Beschreibung der Polarisation widmet.

Kapitel 4 unterteilt die Umlenkelemente zunächst nach der Art des physikalischen Wirkprinzips und schließlich weiter nach ihren generellen

Eigenschaften. Diese Einteilung unterscheidet sich von bisherigen Kategorisierungen, da sie die Eigenschaften berücksichtigt, die für die interferometrische Messung von Bedeutung sind. Für die reflektierenden Umlenkelemente wird nach der Anzahl der Reflexionen in gerade und ungerade unterschieden. Für jede dieser Klassen wird ein Basiselement definiert, aus dessen mehrfacher Kombination höherwertige Systeme in komplanarer und nicht-komplanarer Anordnung aufgebaut werden können. Da die Vielfalt von Umlenkelementen sehr groß ist, wird keine detaillierte Untersuchung jedes einzelnen Elementes vorgenommen. Stattdessen kann anhand der hier vorgestellten Kategorisierung das qualitative Verhalten der Elemente vorhergesagt werden.

Weiterhin werden Invarianzachsen für Translation und Rotation vorgestellt, entlang derer die Elemente unempfindlich auf Verlagerungen reagieren, sodass die betrachtete Funktionsgröße nicht beeinflusst wird. Durch Nutzung dieser ausgezeichneten Achsen können kleine Bewegungen der Umlenkelemente zugelassen werden, ohne dass die Präzision der Messung verloren geht. Dies kann den mechanischen Aufbau vereinfachen und die Anordnung flexibler gestaltbar machen. Die Lage der Invarianzachsen für Translation und Rotation wird, soweit analytisch formulierbar, für jede Kategorie angegeben. Für die übrigen Fälle wird das mathematische Werkzeug zur numerischen Bestimmung der Lage der Invarianzachsen zur Verfügung gestellt. So wird eine vollständige, quantitative Bestimmung des Übertragungsverhaltens ermöglicht.

Kapitel 5 befasst sich mit der Polarisation, ihrer mathematischen Beschreibung, ihrer Beeinflussung durch Umlenkelemente und ihrem Einfluss auf die interferometrische Messung. Diesem Aspekt kommt eine besondere Bedeutung zu, da selbst bei Abwesenheit aller anderen Fehler die Veränderung der Polarisation durch Reduktion des Signalkontrastes die Messung unmöglich machen kann. Weiterhin wird die Auswirkung der Polarisation auf den Messwert untersucht. Für beide Einflüsse werden Strategien zur Fehlervermeidung und Kompensation diskutiert.

Das theoretisch vorhergesagte Verhalten wird in Kapitel 6 in experimentellen Versuchen verifiziert. Das vorrangige Ziel ist dabei die qualitative Bestätigung der Invarianzachsen. Dabei werden größere Messfehler in

Kauf genommen, um mit einfachen apparativen Mitteln zu arbeiten. Das qualitative Übertragungsverhalten der untersuchten Spiegelsysteme konnte damit bestätigt werden. In einem weiteren Versuch wurde die Kompensation der Kontrastminderung aufgrund der Polarisation demonstriert.

Abschließend gibt diese Arbeit einige Richtlinien zur generellen Verwendung und Fehlerbetrachtung von Umlenkelementen im interferometrischen Messaufbau sowie Empfehlungen zu ihrer Auslegung. Dieses Werkzeug unterstützt den Anwender bei den Entscheidungen zur Integration von Umlenkelementen in einen interferometrischen Messaufbau und erleichtert die Auswahl.

Die Richtlinien lassen sich ihrer Priorität nach wie folgt zusammenfassen:

- Umlenkung falls möglich vermeiden
- Fehlervermeidung vor -korrektur
- Möglichst wenige Umlenkelemente bzw. -flächen nutzen
- Signalverlust verhindern
- Kontrast maximieren
- Invarianzen vorrangig in empfindlichsten Achsen nutzen
- Invarianzen in Achsen der größten erwarteten Bewegung nutzen
- Symmetrien im System nutzen
- Refraktive Elemente und Glaskörper in reflektierenden Elementen vermeiden
- Messwert korrigieren

Ausblick

Diese Arbeit umfasst Grundlagenarbeiten zum Einsatz von Umlenkelementen in interferometrischen Messaufbauten. Diese Anwendung unterscheidet sich wesentlich vom üblichen Hauptanwendungsfeld der

Elemente. Daher werden elementare Eigenschaften untersucht, die in diesem Zusammenhang von besonderer Bedeutung sind. Die Arbeit behandelt reflektierende und refraktive Umlenkelemente. Darüber hinaus gibt es weitere Mechanismen zur Strahlumlenkung wie beispielsweise die Beugung, die in diesem Rahmen nicht weiter untersucht wurde. Durch den Einsatz von nicht-ebenen Flächen wie beispielsweise Linsen oder Wölbspiegeln und der damit verbundenen Fokussierung des Strahls ergeben sich weitere Möglichkeiten der Strahlumlenkung, die noch zu untersuchen sind.

Alle betrachteten Elemente in dieser Arbeit sind als geometrisch ideal angenommen. Um das Verhalten von realen Umlenkelementen in der interferometrischen Messung abzuschätzen, müssen Toleranzen wie Maß- und Formabweichungen sowie die Unvollkommenheit von Oberflächen betrachtet werden. Daraus ergeben sich andere Arten von Fehlern, welche die Messung beeinflussen. Rauigkeit und Welligkeit von Oberflächen sind Ursache von Streuung und Wellenfrontverzerrungen (Irregularitäten), die sich auf die Kohärenz und Interferenz und damit auf Signalkontrast und Messwert des Interferometers auswirken. Auch die Werkstoffe wurden als ideal homogen vorausgesetzt. Reale Material weisen Fehler wie Blasen, Einschlüsse oder Schlieren auf, deren Einfluss noch zu untersuchen ist. Erst durch die Betrachtung sämtlicher potenzieller Abweichungen ist es möglich, den durch die Umlenkung entstehenden Gesamtfehler realistisch zu bemessen. Auch für die zusätzlichen Fehler durch Toleranzen sollten Korrektur- und Kompensationsmaßnahmen untersucht bzw. Grenzen für deren akzeptable Größe abgeschätzt werden.

Im Rahmen dieser Arbeit wurden die Umlenkelemente lediglich als zusätzliche Elemente in Ergänzung zum eigentlichen Interferometer aufgefasst, sodass Veränderungen am Gerät nicht diskutiert werden. Kapitel 7 deutet jedoch an, dass es vorteilhaft sein kann, die Architektur des Messgerätes zu verändern, um vom Umlenkelement verursachte Fehler auszugleichen. Dieser Ansatz verdient eine ausführlichere und tiefgründigere Betrachtung. Die Korrekturmöglichkeiten der Messfehler lassen sich unter Umständen erweitern durch den Einsatz von speziellen (aktiven) Materialmerkmalen und Effekten. Beispiele wären der magnetooptische Kerr-Effekt oder der elektrooptische Effekt (Kerr-Effekt/Pockels-Effekt), die zur Beeinflussung der Polarisation mittels magnetischer oder elektrischer Felder genutzt werden. Ihre Anwendbarkeit für die Fehlerkompensation in interferometrischen Anordnungen mit Umlenkelementen ist zu prüfen.

Literatur

[AB89] R. M. A. Azzam und N. M. Bashara. *Ellipsometry and Polarized Light*. Amsterdam, Oxford, New York, Tokyo: North-Holland, 1989.

[Abb90] E. Abbe. „Messaparate für Physiker". In: *Zeitschrift für Instrumentenkunde* 10 (1890), S. 446–448.

[Bar01] H.-J. Bartsch. *Taschenbuch Mathematischer Formeln*. 19. Aufl. München Wien: Fachbuchverlag Leipzig, 2001.

[Bas10] M. Bass, Hrsg. *Handbook of Optics*. 3. Aufl. Bd. 1. New York: McGraw-Hill, 2010.

[Bau65] M. Bauerschmidt. „Rechnerische Bestimmung von Spiegelfolgen und Spiegelprismen sowie deren Eigenschaften". Diss. Technische Hochschule Ilmenau, 1965.

[Bis62] W. Bischoff. „Der Drehlagenkreis für Bilder". In: *Feingerätetechnik* 8.3 (1962), S. 257–266.

[Bis63] W. Bischoff. „Die Ablenkung durch Spiegelprismen". In: *Feingerätetechnik* 9.4 (1963), S. 597–604.

[Bis66] W. Bischoff. „Betrachtungen über Eigenschaften und Anwendungen ebener Spiegel". In: *Feingerätetechnik* 12.1 (1966), S. 57–65.

[Bis69] W. Bischoff. „Das Spiegelpaar und seine Eigenschaften". In: *Wissenschaftliche Zeitschrift der TH Ilmenau* 15.1 (1969), S. 105–110.

[Boc86] A. Bochnia. „Ein Beitrag zur Justierung optischer Geräte". Diss. Technische Hochschule Ilmenau, 1986.

[Bro98] C. Brosseau. *Fundamentals of Polarized Light: A Statistical Optics Approach*. Wiley, 1998.

[BW05] M. Born und E. Wolf. *Principles of Optics*. 7. Aufl. Cambridge University Press, 2005.

[Chi89] R. A. Chipman. „Polarization analysis of optical systems". In: *Optical Engineering* 28.2 (1989), S. 90–99.

[Edl53] B. Edlén. „The Dispersion of Standard Air". In: *J. Opt. Soc. Am.* 43.5 (1953), S. 339–344.

[EE10] H. J. Eichler und J. Eichler. *Laser: Bauformen, Strahlführung, Anwendungen*. 7. Aufl. Heidelberg Dordrecht London New York: Springer-Verlag, 2010.

[FKN98] R. Fucke, K. Kirch und H. Nickel. *Darstellende Geometrie für Ingenieure*. 17. Aufl. Fachbuchverlag Leipzig; im Carl Hanser Verlag, 1998.

[Fra+04] T. Frank, T. Hackel, G. Höhne u. a. „Vorrichtung zur interferometrischen Messung der Raumkoordinaten eines Objektes". DE200410051962. 2004.

[Fra74] K. Franze. „Beitrag zur Bestimmung der Abbildung durch ruhende und rotierende Planspiegelsysteme". Diss. Technische Hochschule Ilmenau, 1974.

[Haf03] H. Haferkorn. *Optik - Physikalisch-technische Grundlagen und Anwendungen*. 4. Aufl. Weinheim: WILEY-VCH, 2003.

[Hec02] E. Hecht. *Optics*. San Francisco, Boston, New York: Addison Wesley, 2002.

[Hof80] C. Hofmann. *Die optische Abbildung*. 1. Aufl. Technisch-physikalische Monographien. Geest & Portig, 1980.

[Int08] International Bureau of Weights and Measures. *JCGM 100:2008: Evaluation of measurement data — Guide to the expression of uncertainty in measurement (GUM)*. 2008.

[Jah01] J. Jahns. *Photonik - Grundlagen, Komponenten und Systeme*. München, Wien: Oldenbourg Verlag, 2001.

[Joh+14] K. John, R. Theska, E. Manske und H.-J. Büchner. „The influence of polarisation changes introduced by deflecting elements to interferometric measurements". In: *58th Ilmenau Scientific Colloquium* (2014).

[JTE11] K. John, R. Theska und T. Erbe. „The use of deflecting elements in interferometric applications - advantages and challenges". In: *56th International Scientific Colloquium* (2011).

[Ker07] N. Kerwien. „Zum Einfluss von Polarisationseffekten in der mikroskopischen Bildentstehung". Diss. Universität Stuttgart, 2007.

[Kin83] R. Kingslake. *Optical System Design*. Orlando, San Diego, New York: Academic Press Inc., 1983.

[Kon28] H. Konen, Hrsg. *Handbuch der Physik Band 20: Licht als Wellenbewegung*. Julius Springer Verlag, 1928.

[Kra82] W. Krause, Hrsg. *Gerätekonstruktion*. 1. Aufl. VEB Verlag Technik Berlin, 1982.

[Kui99] J. B. Kuipers. *Quaternions and rotation Sequences: a Primer with Applications to Orbits, Aerospace, and Virtual Reality*. Princeton University Press, 1999.

[LDS13] E. Langlotz, D. Dontsov und W. Schott. „3D-Messtechnik mit Nanometergenauigkeit". In: *Mikroproduktion* 06 (2013).

[Lie85] T. Liebisch. „Ueber die Totalrelfexion an doppelt-brechenden Krystallen". In: *Neues Jahrbuch für Mineralogie, Geologie und Palaeontologie* 2 (1885), S. 181–211.

[MHC93] S. C. McClain, L. W. Hillman und R. A. Chipman. „Polarization ray tracing in anisotropic optically active media". In: *J. Opt. Soc. Am. A* 10.11 (Nov. 1993), 2371 ff.

[Mic27] A. A. Michelson. *Studies in Optics*. The Univ. of Chicago Science Series. University of Chicago Press, 1927.

[MM04] D. Malacara und Z. Malacara. *Handbook of optical Design*. 2. Aufl. New York: Marcel Dekker Inc., 2004.

[NS14] H. Naumann und G. Schröder. *Handbuch Bauelemente der Optik - Grundlagen, Werkstoffe, Geräte, Messtechnik*. 7. Aufl. München Wien: Hanser, 2014.

[Oda91] V. A. Odarich. „Reflection of Light at an interface of two anisotropic Materials". In: *Russian Physics Journal* 34 (1991), S. 461–464.

[Pfe93] T. Pfeifer. *Optoelektronische Verfahren zur Messung geometrischer Größen in der Fertigung: Grundlagen, Verfahren, Anwendungsbeispiele*. 1. Aufl. Bd. 405. Ehningen bei Böblingen: expert verlag, 1993.

[PP93] F. L. Pedrotti und L. S. Pedrotti. *Introduction to Optics*. 2. Aufl. Prentice-Hall International, 1993.

[Sch08] I. Schmidt. „Beiträge zur Verringerung der Positionierunsicherheit in der Nanopositionier- und Nanomessmaschine“. Diss. Technische Universität Ilmenau, 2008.

[Sch69] H. Schade. *Technische Optik*. Viewegs Fachbücher der Technik. Braunschweig: Friedrich Viewegs + Sohn, 1969.

[Slu10] M. Sluijter. „Ray-Optics Analysis of inhomogeneous optically anisotropic Media“. Diss. Technische Universiteit Delft, 2010.

[ST07] B. E. A. Saleh und M. C. Teich. *Fundamentals of Photonics*. 2. Aufl. Wiley, 2007.

[ST74] G. Schröder und H. Treiber. *Technische Optik - Grundlagen und Anwendungen*. 10. Aufl. Vogel Buchverlag, 1974.

[Wün70] A. Wünsche. „Neue Formeln für die Reflexion und Brechung des Lichtes an anisotropen Medien“. In: *Annalen der Physik* 25.2 (1970), S. 201–.

[Wün78] A. Wünsche. „Amplitudenverhältnisse bei der Reflexion und Brechung des Lichtes an der Grenzebene zwischen isotropen und anisotropen Medien“. In: *Annalen der Physik* 35.2 (1978), S. 99–.

[YCC11] G. Yun, K. Crabtree und R. A. Chipman. „Three-dimensional polarization ray-tracing calculus I: definition and diattenuation“. In: *Applied Optics* 50.18 (2011), S. 2855–2865.

[Yod06] P. R. Yoder. *Mounting Optics in Optical Instruments*. 3. Aufl. Press monograph. SPIE, 2006.

[Yun11] G. Yun. „Polarization Ray Tracing“. Diss. College of Optical Science, 2011.

Abbildungen

Tabellen

Anhang

A Lage der Translationsinvarianzrichtungen eines komplanaren Mehrspiegelsystems

Parallelversatz und optische Weglängenänderung eines Systems addieren sich aus den Komponenten, die bei jeder einzelnen Spiegelung entstehen. Größen im verlagerten System werden mit einem Strich bezeichnet, um sie von denen des unverschobenen Systems zu unterscheiden. Abb. A.1 zeigt ein Beispielsystem mit drei Spiegelflächen, wobei die erste Spiegelung in Detailansicht A und die zweite in Detailansicht B vergrößert dargestellt ist.

Parallelversatz

Der Einfallswinkel auf die j-te Spiegelfläche wird mit ε_j bezeichnet, der Winkel zwischen Spiegelfläche j und j+1 mit α_j. Der Verschiebevektor heißt w und liegt unter dem Winkel γ zur ersten Spiegelfläche. Der Parallelversatz nach der j-ten Spiegelung wird mit p_j beschrieben. Alle Größen sind im Hauptschnitt gemessen. Bei schräg einfallendem Licht wird nur die im Hauptschnitt liegende Komponente bzw. Projektion der jeweiligen Größe betrachtet. Zudem werden Hilfsgrößen eingeführt, um die geometrische Weglänge des Lichtes zu erfassen. So ist die Hälfte des Weges, den das Licht zwischen der verschobenen und der unverschobenen Fläche des j-ten Spiegels zurücklegt, mit l'_j erfasst. Der Abstand zwischen dem Schnittpunkt der j-ten und (j-1)-ten Spiegelfläche sowie dem Auftreffpunkt des Lichtes auf der j-ten Spiegelfläche wird mit h_j für das unverschobene und mit h'_j für das verschobene System bezeichnet. Die Länge dieser Strecken ist jedoch weder für den Parallelversatz

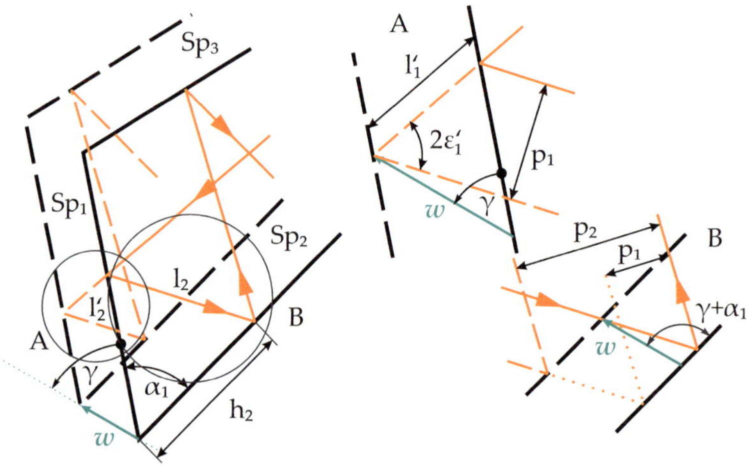

Abb. A.1: Komplanarer Dreifachspiegel mit Größen zur Bestimmung von Parallelversatz und optischer Weglängenänderung.

noch für die optische Weglängenänderung bedeutend. Sie wird nur zur Herleitung der Formeln benötigt.

Aus den Dreiecksbeziehungen in Abb. A.1 lässt sich die Größe des Parallelversatzes nach der ersten Spiegelung ableiten:

$$\frac{l'_1}{\sin(\gamma)} = \frac{|\boldsymbol{w}|}{\cos(\varepsilon_1)}$$
$$\sin(2\varepsilon_1) = \frac{p_1}{l'_1}$$
$$p_1 = 2|\boldsymbol{w}|\sin(\gamma)\sin(\varepsilon_1)$$

Bei jeder weiteren Spiegelung j = 2 .. N kommt ein Anteil hinzu.

$$p_2 = p_1 + 2|\boldsymbol{w}|\sin(\gamma + \alpha_1)\sin(\varepsilon_2)$$
$$p_j = p_{j-1} + 2|\boldsymbol{w}|\sin(\gamma + \sum_{k=1}^{j-1}\alpha_k)\sin(\varepsilon_j)$$

Ungerade Anzahl von Spiegelflächen

Das einfachste Beispiel für eine ungerade Anzahl von Spiegelflächen ist ein Dreispiegelsystem. Ausformuliert für p_3 ergibt sich der Parallelversatz nach der dritten Spiegelung zu

$$\begin{aligned} p_3 = \ & 2|\boldsymbol{w}|[\sin(\gamma)\sin(\varepsilon_1) + \sin(\gamma+\alpha_1)\sin(\alpha_1-\varepsilon_1) \\ & + \sin(\gamma+\alpha_1+\alpha_2)\sin(-\alpha_1+\alpha_2+\varepsilon_1)] \end{aligned}$$

Um den Winkel γ zu finden, der $p_3 = 0$ für alle ε_1, α_j und $|\boldsymbol{w}|$ ermöglicht, wird zunächst ein Additionstheorem angewendet, um die Summenterme mit γ aufzulösen. Nach Umstellen kann die Gleichung vereinfacht werden:

$$\begin{aligned} 0 = 2|\boldsymbol{w}| \quad & [\sin(\gamma)\sin(\varepsilon_1) + \sin(\gamma)\cos(\alpha_1)\sin(\alpha_1-\varepsilon_1) \\ & + \cos(\gamma)\sin(\alpha_1)\sin(\alpha_1-\varepsilon_1) \\ & + \sin(\gamma)\cos(\alpha_1+\alpha_2)\sin(-\alpha_1+\alpha_2+\varepsilon_1) \\ & + \cos(\gamma)\sin(\alpha_1+\alpha_2)\sin(-\alpha_1+\alpha_2+\varepsilon_1)] \end{aligned}$$

$$\begin{aligned} \tan(\gamma) = & - [\sin(\alpha_1)\sin(\alpha_1-\varepsilon_1) + \sin(\alpha_1+\alpha_2)\sin(\varepsilon_1-\alpha_1+\alpha_2)] \,/ \\ & [\sin(\varepsilon_1) + \cos(\alpha_1)\sin(\alpha_1-\varepsilon_1) \\ & + \cos(\alpha_1+\alpha_2)\sin(\varepsilon_1-\alpha_1+\alpha_2)] \\ \tan(\gamma) = & - \tan(\alpha_2) \end{aligned}$$

Die Vereinfachung im letzten Schritt kann mit analytischer Mathematiksoftware wie beispielsweise Maple von Maplesoft nachvollzogen werden. Wiederholt man den Ablauf für das nächsthöherwertigere System mit p_5 findet man $\gamma = -(\alpha_2 + \alpha_4)$. Durch weitere Verallgemeinerung gelangt man zu

$$\gamma_{p=0} = - \sum_{k=1}^{(N-1)/2} \alpha_{2k}.$$

Gerade Anzahl von Spiegelflächen

Auf die gleiche Weise lässt sich der Parallelversatz von komplanaren Spiegelsystemen mit gerader Anzahl von Spiegelflächen bestimmen. Das einfachste System ist der Winkelspiegel mit zwei Reflexionen. Seine Invarianzrichtung für $p_2 = 0$ lässt sich vereinfachen zu

$$\gamma_{p=0} = \varepsilon_1 - \alpha_1.$$

Im Gegensatz zu Systemen mit ungerader Anzahl von Reflexionen ist diese Achse von der Richtung des einfallenden Lichtstrahls abhängig. Für ein System mit vier Reflexionen findet sich die Invarianzachse für den Parallelversatz unter $\gamma_{p=0} = \varepsilon_1 - \alpha_1 - \alpha_3$. Verallgemeinert man diese Beziehung weiter, gelangt man für ein beliebiges komplanares System mit gerader Anzahl von Spiegelflächen zu

$$\gamma_{p=0} = \varepsilon_1 - \sum_{k=1}^{N-1} \alpha_{2k-1}.$$

Optische Weglängendifferenz

Die optische Weglänge berechnet sich aus dem Produkt des geometrischen Weges und der Brechzahl des Mediums, wobei diese in reinen Spiegelsystemen für alle Teilstrecken identisch ist. Von Bedeutung für die optische Weglängenänderung ist daher lediglich die Differenz der geometrischen Wege zwischen einem frei wählbaren Startpunkt vor dem Umlenkelement bis zu einer Ebene senkrecht zum Ausfallstrahl hinter dem Element.

Als Ausgangspunkt für die Weglängenmessung wird der Auftreffpunkt des Lichtes auf der ersten, unverschobenen Spiegelfläche gewählt. Die erste Strecke l'_1 wurde schon für den Parallelversatz verwendet. Die folgenden Teilstrecken umfassen die Wege von der vorherigen zur nächsten Spiegelfläche und sind durch das Wandern der Auftreffpunkte im verschobenen und im unverschobenen System verschieden lang.

$$
\begin{aligned}
l_2 &= h_1 \frac{\sin(\alpha_1)}{\cos(\varepsilon_2)}, \\
l_2' &= h_1' \frac{\sin(\alpha_1)}{\cos(\varepsilon_2)} && = \left(h_1 - |\boldsymbol{w}| \frac{\cos(\gamma - \varepsilon_1)}{\cos(\varepsilon_1)} \right) \frac{\sin(\alpha_1)}{\cos(\varepsilon_2)} \\
l_j &= h_{j-1} \frac{\sin(\alpha_{j-1})}{\cos(\varepsilon_j)}, \\
l_j' &= h_{j-1}' \frac{\sin(\alpha_{j-1})}{\cos(\varepsilon_j)}
\end{aligned}
$$

Zur Berechnung der optische Weglängenänderung wird stets die Differenz aus gestrichenen und ungestrichenen Größen gebildet, weshalb der Term $h_j' - h_j$ relevant ist. Er berechnet sich zu

$$
\begin{aligned}
h_j' - h_j = (-1)^{j-1} & \frac{|\boldsymbol{w}| \cos(\gamma + \varepsilon_1 + 2(\sum_{k=1}^{(j-1)/2} \varepsilon_{2k} - \sum_{k=1}^{(j-2)/2} \varepsilon_{2k+1}))}{\cos(\varepsilon_j)} \\
& + (-1)^{j-1} \frac{p_{j-1}}{\cos(\varepsilon_j)} + h_j - h_j.
\end{aligned}
$$

An der letzten Spiegelfläche der Folge kommt im verschobenen System eine weitere Strecke hinzu, die der Lichtstrahl zurücklegen muss, um zur Spiegelfläche im unverschobenen System aufzuschließen. Sie hat schon wie die erste Teilstrecke kein Gegenstück im unverschobenen System und lässt sich bestimmen mit

$$
l_{N+1}' = |\boldsymbol{w}| \frac{\sin(\gamma + \sum_{j=1}^{N-1} \alpha_j)}{\cos(\varepsilon_N)}.
$$

Da die optische Weglänge bis zu einer Referenzfläche senkrecht zum Ausfallstrahl gemessen wird, muss die Distanz zu dieser Referenz für einen der Strahlen beachtet werden. Als Referenzpunkt wird in diesem Fall der Auftreffpunkt des Lichtes auf die letzte Spiegelfläche im unverschobenen System gewählt. Die Differenz ist daher im verschobenen System zu berücksichtigen.

$$l'_{N+2} = -p_N \tan(\varepsilon_N)$$

Ungerade Anzahl von Spiegelflächen

Für das Dreispiegelsystem bestimmt sich die optische Weglängenänderung aus

$$\begin{aligned}
\Delta L = &\quad (l'_1 + l'_2 + l'_3 + l'_4 + l'_5) - (l_2 + l_3) \\
\Delta L = &\quad |w| \left[\frac{\sin(\gamma)}{\cos(\varepsilon_1)} - \frac{\cos(\gamma - \varepsilon_1)\sin(\alpha_1)}{\cos(\varepsilon_1)\cos(\varepsilon_2)} \right] \\
+ &\quad |w| \left[\frac{2\sin(\gamma)\sin(\varepsilon_1)\sin(\alpha_2)}{\cos(\varepsilon_2)\cos(\varepsilon_3)} \right] \\
+ &\quad |w| \left[\frac{\cos(\gamma + \varepsilon_1)\sin(\alpha_2)}{\cos(\varepsilon_2)\cos(\varepsilon_3)} + \frac{\sin(\gamma + \alpha_1 + \alpha_2)}{\cos(\varepsilon_3)} \right] \\
+ &\quad 2|w| \tan(\varepsilon_3) \left(\sin(\gamma)\sin(\varepsilon_1) + \sin(\gamma + \alpha_1)\sin(\varepsilon_2) \right) \\
+ &\quad 2|w| \tan(\varepsilon_3) \left(\sin(\gamma + \alpha_1 + \alpha_2)\sin(\varepsilon_3) \right)
\end{aligned}$$

Mit Hilfe von analytischer Mathematiksoftware lässt sich die Gleichung vereinfachen. Die Summe wird zu null für

$$\gamma_{\Delta L=0} = -\alpha_2$$

unabhängig von Verschiebeweg, Auftreffpunkt oder Einfallswinkel des Lichtes. Diese Richtung ist identisch mit der Invarianztranslationsrichtung bezüglich des Parallelversatzes, sodass beide Größen gleichzeitig verschwinden, wenn das Umlenkelement entlang dieser Richtung bewegt wird. Für höherwertige Systeme mit beliebiger ungerader Anzahl von Spiegelflächen ergibt sich

$$\gamma_{\Delta L=0} = -\sum_{k=1}^{(N-1)/2} \alpha_{2k}.$$

Gerade Anzahl von Spiegelflächen

Mit der gleichen Methode kann auch die optische Weglängenänderung für ein System mit gerader Anzahl von Spiegelflächen berechnet werden. Für den Winkelspiegel vereinfacht sich der Term zu

$$\gamma_{\Delta L=0} = \varepsilon - \alpha_1 + 90,$$

was sich auf höherwertigere Systeme zu

$$\gamma_{\Delta L=0} = \varepsilon_1 - \sum_{k=1}^{N-1} \alpha_{2k-1} + 90$$

übertragen lässt. Diese Richtung steht in jedem Fall senkrecht auf der Invarianzachse für den Parallelversatz, wodurch es unmöglich ist, beide gleichzeitig zu vermeiden. Wird für eine bestimmte Verlagerung eine von beiden Größen null, wird die andere gleichzeitig maximal.

B Allgemeine Berechnung von Parallelversatzes und optischer Wegdifferenz

Allgemeine Berechnung des Parallelversatzes

Parallelversatz und optische Weglängendifferenz bei Verschiebung eines reflektierenden Umlenkelementes lassen sich jeweils durch eine rekursive Formel berechnen. Für diese Betrachtung sind in Abb. B.2 die Details A und B aus Abb. A.1 mit leicht angepasster Beschriftung dargestellt. Detail A bildet die Verhältnisse bei der ersten Spiegelung ab und Detail B die der zweiten stellvertretend für jede weitere. Einheitsvektoren, die Lichtstrahlen repräsentieren heißen $\boldsymbol{s}$ mit Index j vor dem Einfall auf die j-te Spiegelfläche und $j+1$ nach der Reflexion an selbiger. $\boldsymbol{n}_j$ ist die Bezeichnung für den Einheitsvektor des Spiegellotes der j-ten Spiegelfläche und $\boldsymbol{w}$ ist der Translationsvektor. Aus dem Ska-

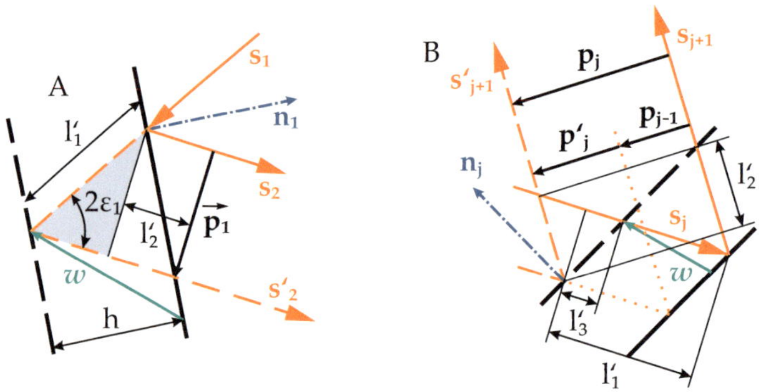

Abb. B.2: Details A und B (siehe Abb. A.1) der Reflexionen an einem Mehrspiegelsystem.

larprodukt aus einfallendem Lichtstrahl und Flächenlot lässt sich der Einfallswinkel ε_1 berechnen.

$$\cos(\varepsilon_1) = -\langle \boldsymbol{s_1}.\boldsymbol{n_1} \rangle$$

Auch den Abstand der verschobenen Spiegelfläche zur Ausgangslage gewinnt man aus einem Skalarprodukt.

$$h = |\langle \boldsymbol{w}.\boldsymbol{n_1} \rangle|$$

Der Parallelversatz $\boldsymbol{p_1}$ steht senkrecht auf dem Ausfallstrahlvektor $\boldsymbol{s_2}$ und zeigt in Richtung des verschobenen Vektors $\boldsymbol{s_2'}$. Damit lässt sich seine Richtung aus einem Kreuzprodukt mit $\boldsymbol{s_2}$ bestimmen. Er liegt in der Einfallsebene, die durch $\boldsymbol{s_1}$ und $\boldsymbol{n_1}$ definiert wird, da der ausfallende Strahl diese Ebene durch Verschiebung des Umlenkelementes nicht verlassen kann. Somit lässt sich formulieren

$$\boldsymbol{p_1} = |\boldsymbol{p_1}| \frac{\boldsymbol{s_2} \times (\boldsymbol{s_1} \times \boldsymbol{n_1})}{|\boldsymbol{s_2} \times (\boldsymbol{s_1} \times \boldsymbol{n_1})|}$$

Der Betrag des Parallelversatzes ergibt sich aus dem schraffierten Dreieck in Detail A in Abb. B.2.

$$|\boldsymbol{p_1}| = l_1' \cos(180^\circ - 2\varepsilon_1 - 90^\circ) = l_1' \sin(2\varepsilon) = 2l_1' \sin(\varepsilon)\cos(\varepsilon)$$

mit

$$l_1' = \frac{h}{\cos(\varepsilon_1)} = \frac{-\langle \boldsymbol{w}.\boldsymbol{n_1}\rangle}{-\langle \boldsymbol{s_1}.\boldsymbol{n_1}\rangle}$$

Da es sich bei allen Vektoren $\boldsymbol{s}$ und $\boldsymbol{n}$ um Einheitsvektoren handelt, ist der Betrag ihres Kreuzproduktes gleich dem Sinus des Winkels zwischen ihnen. Da $\boldsymbol{s_2}$ in der Einfallsebene liegt und das Kreuzprodukt aus $\boldsymbol{s_1}$ und $\boldsymbol{n_1}$ senkrecht darauf steht, ist der Betrag des doppelten Kreuzproduktes gleich $\sin(\varepsilon_1)$.

$\boldsymbol{s_2}$ lässt sich mit Hilfe des vektoriellen Reflexionsgesetzes (Gl.2.1) als Differenz von $\boldsymbol{s_1}$ und $\boldsymbol{n_1}$ ausdrücken, so dass das doppelte Kreuzprodukt ausformuliert werden kann zu

$$\boldsymbol{s_2} \times (\boldsymbol{s_1} \times \boldsymbol{n_1}) = -\langle \boldsymbol{s_1}.\boldsymbol{n_1}\rangle \boldsymbol{s_1} - \boldsymbol{n_1} + 2\langle \boldsymbol{s_1}.\boldsymbol{n_1}\rangle^2 \boldsymbol{n_1}$$

Damit lässt sich der Parallelversatz in Betrag und Richtung schreiben als

$$\boldsymbol{p_1} = 2\langle \boldsymbol{w}.\boldsymbol{n_1}\rangle [\langle \boldsymbol{s_1}.\boldsymbol{n_1}\rangle \boldsymbol{s_1} + \boldsymbol{n_1} - 2\langle \boldsymbol{s_1}.\boldsymbol{n_1}\rangle^2 \boldsymbol{n_1}]$$

Beim Übergang zur nächsten Reflexion (Detail B in Abb. B.2) kann die Projektion von $\boldsymbol{p_1}$ bzw. $\boldsymbol{p_{j-1}}$ als Teil des Parallelversatzes nach der nächsten Reflexion wiedergefunden werden. Um die Richtungsänderung zu berücksichtigen, muss der Vektor an der folgenden Spiegelfläche gespiegelt werden, was durch Einsetzen in das vektorielle Reflexionsgesetz geschieht. Der noch zum Parallelversatz $\boldsymbol{p_j}$ fehlende Teil $\boldsymbol{p_j'}$ lässt sich analog zu $\boldsymbol{p_1}$ berechnen. Der gesamte Parallelversatz ergibt sich aus der Summe der beiden Anteile.

$$\boldsymbol{p_j} = \boldsymbol{p_{j-1}} - 2\langle \boldsymbol{p_{j-1}}.\boldsymbol{n_j}\rangle \boldsymbol{n_j} + 2\langle \boldsymbol{w}.\boldsymbol{n_j}\rangle [\langle \boldsymbol{s_j}.\boldsymbol{n_j}\rangle \boldsymbol{s_j} + \boldsymbol{n_j} - 2\langle \boldsymbol{s_j}.\boldsymbol{n_j}\rangle^2 \boldsymbol{n_j}]$$

Allgemeine Berechnung der optischen Wegdifferenz

Die optische Weglängenänderung setzt sich für die erste Reflexion (Detail A in Abb. B.2) aus drei Teilstrecken zusammen. Die erste ist mit l'_1 bezeichnet und kommt doppelt vor. Sie stellt die Strecke zwischen der verschobenen und ursprünglichen Spiegelfläche entlang der Richtung des einfallenden Lichtstrahls dar und wurde bereits zur Berechnung des Parallelversatzes verwendet. Das letzte Teilstück ist die Distanz entlang des ausfallenden Lichtstrahls von der unverschobenen Spiegelfläche bis zu einer Ebene senkrecht zu $\boldsymbol{s_2}$ durch den Durchstoßpunkt des verschobenen Strahls durch die unverschobene Fläche, bezeichnet mit l'_2. Es lässt sich aus dem Parallelversatz $\boldsymbol{p_1}$ und dem Einfallswinkel ε_1 bestimmen.

$$l'_2 = |\boldsymbol{p_1}| tan(\varepsilon_1) = |\boldsymbol{p_1}| \frac{\sqrt{1-\cos^2(\varepsilon_1)}}{\cos(\varepsilon_1)} = -|\boldsymbol{p_1}| \frac{\sqrt{1-\langle \boldsymbol{s_1}.\boldsymbol{n_1}\rangle^2}}{\langle \boldsymbol{s_1}.\boldsymbol{n_1}\rangle}$$

Damit setzt sich die optische Weglängenänderung als Summe aus den genannten drei Strecken zusammen. Das Vorzeichen von l'_1 wird durch das Skalarprodukt aus Spiegellot und Translationsvektor bestimmt. Für l'_2 ergibt sich das Vorzeichen aus dem Skalarprodukt des Parallelversatzes und des Flächenlotes.

$$\Delta L_1 = 2Nl'_1 + Nl'_2 = 2N\frac{\langle \boldsymbol{w}.\boldsymbol{n_1}\rangle}{\langle \boldsymbol{s_1}.\boldsymbol{n_1}\rangle} - N|\boldsymbol{p_1}| sign(\langle \boldsymbol{p_1}.\boldsymbol{n_1}\rangle)\frac{\sqrt{1-\langle \boldsymbol{s_1}.\boldsymbol{n_1}\rangle^2}}{\langle \boldsymbol{s_1}.\boldsymbol{n_1}\rangle}$$

Für jede nachfolgende Spiegelung (Detail B in Abb. B.2) wird die neu aufgeprägte optische Weglängenänderung zur vorherigen addiert. Die zusätzliche Wegänderung berechnet sich analog zu der an der ersten Fläche mit dem Unterschied, dass ein weiterer Summand existiert, der als Teilstrecke l'_3 bezeichnet wird. Es handelt sich um den Abstand des Durchstoßpunktes des unverschobenen Lichtstrahls durch die verschobene Spiegelfläche zur Ebene senkrecht zum einfallenden Strahl im Auftreffpunkt des verschobenen Lichtstrahls auf die verschobene Spiegelfläche.

$$l_3' = |\boldsymbol{p}_{j-1}| tan(\varepsilon_j) = |\boldsymbol{p}_{j-1}| \frac{\sqrt{1-\cos^2(\varepsilon_j)}}{\cos(\varepsilon_j)} = -|\boldsymbol{p}_{j-1}| \frac{\sqrt{1-\langle \boldsymbol{s}_j . \boldsymbol{n}_j \rangle^2}}{\langle \boldsymbol{s}_j . \boldsymbol{n}_j \rangle}$$

Die vollständige optische Weglängenänderung an der Spiegelfläche j ergibt sich aus der vorherigen und den vier Summanden für die aktuelle Spiegelfläche.

$$\Delta L_j = \Delta L_{j-1} + 2Nl_1' + Nl_2' + Nl_3'$$

$$\Delta L_j = \Delta L_{j-1} + 2N \frac{\langle \boldsymbol{w} . \boldsymbol{n}_j \rangle}{\langle \boldsymbol{s}_j . \boldsymbol{n}_j \rangle} - N|\boldsymbol{p}_{j-1}| sign(\langle \boldsymbol{p}_{j-1} . \boldsymbol{n}_j \rangle) \frac{\sqrt{1-\langle \boldsymbol{s}_j . \boldsymbol{n}_j \rangle^2}}{\langle \boldsymbol{s}_j . \boldsymbol{n}_j \rangle}$$
$$- N|\boldsymbol{p}_j| sign(\langle \boldsymbol{p}_j . \boldsymbol{n}_j \rangle) \frac{\sqrt{1-\langle \boldsymbol{s}_j . \boldsymbol{n}_j \rangle^2}}{\langle \boldsymbol{s}_j . \boldsymbol{n}_j \rangle}$$

C Messwerte

Zur besseren Nachvollziehbarkeit der Experimente aus Kap. 6 listet Tab. C.1 die gemessenen Werte der Spiegellote und Strahlrichtungen für die verschiedenen Systeme auf. Zusätzlich sind dort die aus den gemessenen Richtungen berechneten Invarianzachsen aufgeführt, entlang derer der Hexapod während der Versuche bewegt wurde. Im Falle der Rotation handelt es sich um die Drehachse, die keine Veränderung der Strahlrichtung hervorruft. Für die Translation ist entweder der Richtungsvektor einer Geraden angegeben oder zwei Richtungsvektoren, die eine Invarianzebene aufspannen.

Tab. C.1: Zusammenfassung der während der Experimente aus Kap. 6 gemessenen Spiegellote und Strahlrichtungen inklusive der zugehörigen, berechneten Invarianzachsen.

		Zweispiegelsystem	Dreispiegelsystem (komplanar)	Dreispiegelsystem (nicht-komplanar)
Spiegellote (10-fach gemittelt)	#1	$\begin{bmatrix}0,66927\\0,74030\\0,06353\end{bmatrix}$	$\begin{bmatrix}-0,43359\\0,89717\\0,08414\end{bmatrix}$	$\begin{bmatrix}0,66466\\0,74667\\0,02655\end{bmatrix}$
	#2	$\begin{bmatrix}0,05252\\-0,99039\\-0,12790\end{bmatrix}$	$\begin{bmatrix}0,05586\\-0,99559\\-0,07532\end{bmatrix}$	$\begin{bmatrix}0,05586\\-0,99559\\-0,07532\end{bmatrix}$
	#3	–	$\begin{bmatrix}0,66466\\0,74667\\0,02655\end{bmatrix}$	$\begin{bmatrix}0,68917\\-0,68338\\0,24092\end{bmatrix}$
Einfallsstrahl		$\begin{bmatrix}0,90640\\0,42237\\-0,00591\end{bmatrix}$	$\begin{bmatrix}0,55696\\-0,82987\\-0,03342\end{bmatrix}$	$\begin{bmatrix}-0,79601\\-0,60528\\-0,00175\end{bmatrix}$
Invarianzrichtungen	Rotation	$\begin{bmatrix}-0,04486\\0,12561\\-0,99106\end{bmatrix}$	$\begin{bmatrix}0,32835\\0,94294\\0,05516\end{bmatrix}$	$\begin{bmatrix}0,02033\\-0,98698\\0,15958\end{bmatrix}$
	Transl. p	$\begin{bmatrix}-0,04486\\0,12561\\-0,99106\end{bmatrix}$	$\begin{bmatrix}0,04229\\-0,07302\\0,99643\end{bmatrix} f_1 + \begin{bmatrix}-0,94361\\0,32485\\0,06385\end{bmatrix} f_2$	$\begin{bmatrix}0,33370\\0,01530\\-0,94255\end{bmatrix}$
	Transl. L	$\begin{bmatrix}-0,04486\\0,12561\\-0,99106\end{bmatrix} f_1 + \begin{bmatrix}-0,34484\\-0,93303\\-0,10265\end{bmatrix} f_2$	$\begin{bmatrix}0,04229\\-0,07302\\0,99643\end{bmatrix} f_1 + \begin{bmatrix}-0,94361\\0,32485\\0,06385\end{bmatrix} f_2$	$\begin{bmatrix}0,99573\\-0,09236\\0,00000\end{bmatrix} f_1 + \begin{bmatrix}0,03637\\0,39207\\0,82256\end{bmatrix} f_2$

Liste der bisher erschienenen Bände, Stand 04.02.2019

Schriftenreihe des Instituts für Maschinenelemente und Konstruktion (IMK), 1990 – 2010

Band 1 **Institut für Maschinenelemente und Konstruktion der TU Ilmenau (Hrsg.):**
Forschung und Lehre im Institut für Maschinenelemente und Konstruktion
(Institutsbericht)
Ilmenau : ISLE, 1999. - ISBN 3-932633-37-7

Band 2 **Spiller, Frank:**
Möglichkeiten der rechentechnischen Umsetzung von Erkenntnissen aus der Konstruktions-systematik unter Nutzung der Featuretechnologie
(Dissertation TU Ilmenau 1998)
Ilmenau : ISLE, 1998. - ISBN 3-932633-20-2

Band 3 **Leibl, Peter:**
Entwicklung eines featureorientierten Hilfsmittels für die Konstruktion kostengünstiger Produkte
(Dissertation TU Ilmenau 1998)
Ilmenau : ISLE, 1998. - ISBN 3-00-003695-4

Band 4 **Lutz, Steffen:**
Kennlinie und Eigenfrequenzen von Schraubenfedern
(Dissertation TU Ilmenau 2000)
Ilmenau : ISLE, 2000. - ISBN 3-932633-47-4

Band 5 **Kletzin, Ulf:**
Finite-Elemente-basiertes Entwurfssystem für Federn und Federanforderungen
(Dissertation TU Ilmenau 2000)
Ilmenau : ISLE, 2000. - ISBN 3-932633-48-2

Band 6 **Volz, Andreas K.:**
Systemorientierter Karosserie-Konzeptentwurf am Beispiel der Crashsimulation
(Dissertation TU Ilmenau 1998)
Ilmenau : ISLE, 2000. - ISBN 3-932633-52-0

Band 7 **Brix, Torsten:**
Feature- und constraint-basierter Entwurf technischer Prinzipe
(Dissertation TU Ilmenau 2001)
Ilmenau : ISLE, 2001. - ISBN 3-932633-67-9

Band 8 **Rektor der TU Ilmenau und Institut für Maschinenelemente und Konstruktion der TU Ilmenau (Hrsg.) in Zusammenarbeit mit Carl Zeiss Jena GmbH**
Vom Arbeitsblatt zum virtuellen Prototyp – 50 Jahre Konstruktionssystematik
(Institutsbericht)
Ilmenau : ISLE, 2002. - ISBN 3-932633-68-7

Band 9 **Liebermann, Kersten:**
Rechnergestütztes Entwurfs- und Optimierungssystem für Schraubendruckfedern
(Dissertation TU Ilmenau 2003)
Ilmenau : ISLE, 2003. - ISBN 3-932633-74-1

Band 10 **Meissner, Manfred; Denecke, Klaus:**
Die Geschichte der Maschinenelemente als Fachgebiet und Institut an der Technischen Universität Ilmenau von 1953 bis 2003
(Institutsbericht)
Ilmenau : ISLE, 2003. - ISBN 3-932633-82-2

Band 11 **Geinitz, Veronika:**
Genauigkeits- und auslastungsoptimierte Schraubendruckfedern
(Dissertation TU Ilmenau 2006)
Ilmenau : ISLE, 2006. - ISBN 3-938843-11-X

Band 12 **Institut für Maschinenelemente und Konstruktion (Hrsg.):**
Festschrift zum Ehrenkolloquium anlässlich der Emeritierungen von Univ.-Prof. Dr.-Ing. habil. Dr. h.c. Günter Höhne und Univ.-Prof. Dr.-Ing. habil. Hans-Jürgen Schorcht
(Institutsbericht)
Ilmenau : ISLE, 2005. -ISBN 3-932633-97-0

Band 13 **Wittkopp, Tobias:**
Mehrkörpersimulation von Schraubendruckfedern
(Dissertation TU Ilmenau 2005)
Ilmenau : ISLE, 2005. - ISBN 3-938843-07-1

Band 14 **Frank, Stefan:**
Justierdrehen – eine Technologie für Hochleistungsoptik
(Dissertation TU Ilmenau 2007)
Ilmenau : ISLE, 2008. - ISBN 978-3-938843-35-4

Band 15 **Schilling, Thomas:**
Augmented Reality in der Produktentstehung
(Dissertation TU Ilmenau 2008)
Ilmenau : ISLE, 2008. - ISBN 978-3-938843-42-0

Band 16 **Lotz, Markus:**
Konstruktion von Messspiegeln hochgenauer Mess- und Positioniermaschinen
(Dissertation TU Ilmenau 2009)
Ilmenau : ISLE, 2009. - ISBN 978-3-938843-46-8

[Band 17] **Hackel, Tobias:**
Grundlegende Untersuchungen zu vertikalen Positioniersystemen für Nanopräzisionsmaschinen
(Dissertation TU Ilmenau 2010)
Münster, Westf : Monsenstein und Vannerdat, 2010 . -ISBN 978-3-86991-111-3

[Band 18] **Frank, Thomas:**
Konzeption und konstruktive Gestaltung der Messkreise von Nanomessmaschinen
(Dissertation TU Ilmenau 2010)
Münster, Westf : Monsenstein und Vannerdat, 2010. - ISBN 978-3-86991-194-6

Schriftenreihe des Instituts für Maschinen- und Gerätekonstruktion (IMGK), 2010 - ...

Band 19 **Sondermann, Mario:**
Mechanische Verbindungen zum Aufbau optischer Hochleistungssysteme
(Dissertation TU Ilmenau 2010)
Ilmenau : Univ.-Verl. Ilmenau, 2011. - ISBN 978-3-939473-94-7

Band 20 **Stephan Husung:**
Simulation akustischer Produkteigenschaften unter Nutzung von Virtual Reality während der Produktentwicklung
(Dissertation TU Ilmenau 2011)
Ilmenau : Univ.-Verl. Ilmenau, 2012. - ISBN 978-3-86360-026-6

Band 21 **Dobermann, Dirk:**
Stabilisierung der Bildlage abbildender optischer Systeme
(Dissertation TU Ilmenau 2012)
Ilmenau : Univ.-Verl. Ilmenau, 2013. - ISBN 978-3-86360-056-3

Band 22 **Taubmann, Peter:**
Analyse der Ventilfederbewegungen als Beitrag zur Beeinflussung der Verschleißursachen an den Auflageflächen
(Dissertation TU Ilmenau 2013)
Ilmenau : Univ.-Verl. Ilmenau, 2013. - ISBN 978-3-86360-059-4

Band 23 **Erbe, Torsten:**
Beitrag zur systematischen Aktor- und Aktorprinzipauswahl im Entwicklungsprozess
(Dissertation TU Ilmenau 2013)
Ilmenau : Univ.-Verl. Ilmenau, 2013. - ISBN 978-3-86360-060-0

Band 24: **Selva Ginani, Luciano:**
Optical Scanning Sensor System with Submicron Resolution
(Dissertation TU Ilmenau 2013)
Ilmenau : Univ.-Verl. Ilmenau, 2013. - ISBN 978-3-86360-068-6

Band 25: **Heidler, Nils:**
Untersuchungen zylindrischer Gasführungselemente für Hochvakuumanwendungen
(Dissertation TU Ilmenau 2015)
Ilmenau : Univ.-Verl. Ilmenau, 2016. - ISBN 978-3-86360-130-0

Band 26: **Reich, René:**
Möglichkeiten und Grenzen bei der Auslegung von Schraubendruckfedern auf Basis von Umlaufbiegeprüfungen
(Dissertation TU Ilmenau 2016)
Ilmenau : Univ.-Verl. Ilmenau, 2016. - ISBN 978-3-86360-139-3

Band 27: **Resch, Jens:**
Kontextorientierte Entwicklung und Absicherung von festen Verbindungen im Produktentstehungsprozess der Automobilindustrie
(Dissertation TU Ilmenau 2016)
Ilmenau : Universitätsverlag Ilmenau, 2016. - ISBN 978-3-86360-143-0

Band 28: **Scheibe, Hannes:**
Aktiv-adaptive Polierwerkzeuge zur Herstellung rotationssymmetrischer Asphären
(Dissertation TU Ilmenau 2016)
Ilmenau : Universitätsverlag Ilmenau, 2016. - ISBN 978-3-86360-147-8

Band 29: **Reeßing, Michael:**
Softwarewerkzeuge für den phasen- und domänenübergreifenden Entwurf
(Dissertation TU Ilmenau 2016)
Ilmenau : Universitätsverlag Ilmenau, 2017. - ISBN 978-3-86360-169-0

Band 30: **Lux, Rüdiger:**
Wärmebehandlung von SiCr-legiertem, ölschlussvergütetem Federstahldraht
(Dissertation TU Ilmenau 2018)
Ilmenau : Universitätsverlag Ilmenau, 2018. - ISBN 978-3-86360-185-0

Band 31: **Thomisch, Marco:**
Methodik zur Bestimmung optimaler Parameter beim Drahtumformen
(Dissertation TU Ilmenau 2018)
Ilmenau : Universitätsverlag Ilmenau, 2018. - ISBN 978-3-86360-187-4

Band 32: **Wohlfahrt, Fabian:**
Kraftgesteuerte Messzelle für Dilatometeranwendungen
(Dissertation TU Ilmenau 2018)
Ilmenau : Universitätsverlag Ilmenau, 2019. - ISBN 978-3-86360-193-5

Band 33: **John, Kerstin:**
Untersuchung von Umlenkelementen zur Anwendung in der interferometrischen Längenmesstechnik
(Dissertation TU Ilmenau 2018)
Ilmenau : Universitätsverlag Ilmenau, 2019. - ISBN 978-3-86360-197-3

Band 34: **Mack, Benjamin:**
Untersuchungen zum Schadensmechanismus Torsionsschwingbruch durch Kontaktermüdung an Schraubendruckfedern
(Dissertation TU Ilmenau 2018)
Ilmenau : Universitätsverlag Ilmenau, 2019. - ISBN 978-3-86360-198-0